# ZUR TURBELLARIENFAUNA DER ANTARKTIS

VON

ERICH REISINGER
GRAZ

MIT 22 ABBILDUNGEN IM TEXT

1926

Das mir zur Bearbeitung anvertraute Turbellarienmaterial[1]) der „Gauß"-Expedition wurde am 7. Februar 1903, in unmittelbarer Nähe der Winterstation vom nordwärts triftenden Schiff aus, in 350 m Tiefe erbeutet. Es liegen, abgesehen von einigen unbestimmbaren Bruchstücken, Vertreter der *Acœla*, *Rhabdocoela* und *Alloeocoela* vor, unter denen nur eine Art: *Plagiostomum lutheri* bereits aus den Aufsammlungen der Expedition in der Observatory-Bay auf den Kerguelen von Böhmig beschrieben wurde. Die einzige Acöle, bisher überhaupt die einzige Vertreterin dieser Turbellariengruppe im südlichen Eismeer ist mit der von der „Belgica" erbeuteten *Rimicola glacialis* Böhmig identisch. Alle übrigen Formen sind neu.

# Ordo: **Acoela.**

## Fam.: **Proporidae.**

### Genus: **Rimicola** Böhmig

### **Rimicola glacialis** Böhmig

(Lit.: Rés. d. Voyage du S. Y. Belgica, Rapp. scientif., Zool. Turb.; Anvers 1908.)

3 Exempl. Gauß-Station 7. 2. 1903, Twist 350 m.

Die vorliegenden, recht gut konservierten Tiere stimmen in ihrem Bau vollständig mit denjenigen der „Belgica" überein. Abweichend ist nur die Färbung der „Gauß"-Exemplare, die einen dunkelbraunen Ton aufweisen. Es dürfte sich hierbei im Wesentlichen um einen in der Perivisceralflüssigkeit gelösten Farbstoff handeln, da Pigmentzellen nur sehr vereinzelt auftreten. Eines der vorliegenden Tiere hatte das Mundfeld eingezogen, so daß Penis und Mund combiniert erscheinen, ein im Hinblick auf höhere Formen wichtiges Verhalten. Die Art ist zweifellos circumpolar und ein Ubiquist, wurden doch die „Belgica"-Exemplare in fast ausgesüßten Eislöchern erbeutet.

# Ordo: **Rhabdocoela.**

## Sectio: **Kalyptorhynchia.**

## Fam.: **Polycystididae.**

### Genus: **Porrocystis** n. gen.

*Polycystididae* mit räumlich getrennt ins Atrium mündenden Genitalkanälen für Sperma- und Kornsekretführung. Kornsekretapparat mit Stilett. Penisbulbus mit einer in den Genitalkanal

[1]) Der größere Teil der Ausbeute ist bereits von Böhmig (1914) bearbeitet.

vorragenden Penispapille (Penis s. str.). Mit einer sich dem caudad ziehenden, weiblichen Genitalkanal anfügenden Bursa mit Endblase.

1 Art: *P. drygalskii* n. sp.

**Porrocystis drygalskii** n. sp.

1 Exempl. Gauß-Station 7. 2. 1903, Twist 350 m.

Das vorliegende, in Alkohol konservierte Exemplar hat bei einer Totallänge von 1.2 mm die natürliche Körperform anscheinend recht gut beibehalten. Soweit mithin Rückschlüsse tunlich sind, handelt es sich um einen verhältnismäßig schlanken Kalyptorhynchier, der sich im Leben habituell etwa an *Gyratrix hermaphroditus* Ehrenberg anschließen dürfte. Bereits am unversehrten Objekt fielen die beiden großen Augen und der sehr ansehnliche Rüssel auf. Ein sagittaler Längsschnitt gestattet eine mühelose Einsicht in die Proportionen des Tieres (Fig. 1). Der Rüssel (*r*) nimmt mit der an ihn schließenden Rüsselscheide ca $^1/_3$ der Gesamtkörperlänge in Anspruch, eine nur für das fixierte Tier gültige Angabe, die sich im Leben vermutlich noch als zu niedrig gegriffen erweisen dürfte. Die Rüsselscheidenöffnung (rö) liegt terminal, im Leben vielleicht ein

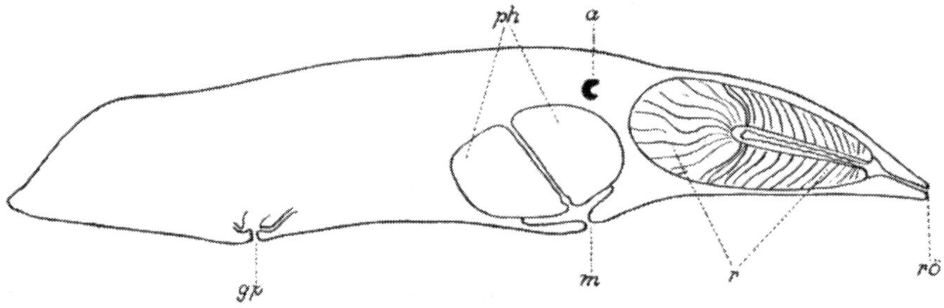


Fig. 1. *Porrocystis drygalskii*, sagittaler Längsschnitt. *a* Auge; *gp* Genitalporus; *m* Mundöffnung; *ph* Pharynx; *r* Rüssel; *rö* Rüsselscheidenöffnung.

wenig subterminal verschoben. Wenig hinter dem blinden Ende des Rüsselzapfens findet sich der abgeflacht kugelige Pharynx rosulatus (ph), dessen distalen Rand eine enge Pharyngealtasche umgibt, die sich in das sehr kurze zur Mundöffnung (m) geleitende Mundrohr fortsetzt. Da die Achse des schon an und für sich rüsselnahen Pharynx schräg nach vorn sich absenkt, hat die Mundöffnung eine verhältnismäßig weit rostrale Lage. Die Geschlechtsöffnung (gp.) findet sich zwischen dem letzten Körperdrittel und -viertel. Der Querschnitt des Tieres ist annähernd drehrund.

Bei dem wenig günstigen Erhaltungszustand des Objekts muß sich die Darstellung im Wesentlichen auf die gröbere Anatomie, insonderheit den Bau des Genitalapparates beschränken und kann über einzelne Organsysteme wie Integument, Hautmuskelschlauch, Mesenchym, Nervensystem und Exkretionsapparat keine, oder nur mangelhafte Auskunft erteilen. Immerhin ist das, was beigebracht werden kann, zu einer mühelosen Wiedererkennung der Art vollständig ausreichend.

Das Körperepithel besitzt an den wenigen Stellen, an denen es erhalten ist, eine Höhe von 8—10 $\mu$ und ist von winzigen dermalen Rhabditen erfüllt. Die Basalmembran, welcher anscheinend eine sehr erhebliche Festigkeit eignet, ist von beträchtlicher Dicke (2,5 $\mu$) und besteht aus einer sehr stark lichtbrechenden, homogenen und färberisch ziemlich indifferenten Hauptschicht und einer dieser angelagerten, äußerst dünnen, mattrot gefärbten Innenschicht. An die Möglichkeit, daß es sich hierbei um anhaftendes Plasma des Hautmuskelschlauches handeln könnte, eine Sache auf die MEIXNER (1925, S. 263) aufmerksam gemacht hat, kann ich nach den vorliegenden Bildern nicht denken.

Der Hautmuskelschlauch entspricht im wesentlichen dem von MEIXNER (1925, S. 263) geschilderten Verhalten; er schmiegt sich eng an die Basalmembran an. Die Ringmuskeln sind sehr zahlreich und zart, die Längsmuskeln breit bandförmig und derb. Diagonalfasern habe ich nicht gesehen, wahrscheinlich sind diese sehr selten. Über Hautdrüsen sowie über etwaige bemerkenswerte Mesenchymstrukturen geben die vorliegenden Schnitte keine Auskunft.

Sehr groß ist der nach dem Polycystididentyp (keine Myoblastkerne innerhalb des Rüsselbulbus) gebaute Rüssel. An dem vorliegenden Exemplar ist der Endkegel eingestülpt. Der Rüssel läßt zwei scharf getrennte Partien unterscheiden: einen proximalen Bulbus, in dessen Bereiche die Muskeln ein eigentümlich verquollenes Aussehen aufweisen (Fig. 2, $mz_1$) und einen distalen Abschnitt, den sie wohlgetrennt durchziehen. Beim ausgestülpten Organ wird natürlich der proximale Bulbus die Achse, der übrige Abschnitt die peripheren Teile des Rüssels bilden. Das Endkegelepithel, in unserem Falle die Auskleidung des den eingestülpten Rüssel durchsetzenden Rohres, läßt zwei scharf geschiedene Abschnitte erkennen, $ep_1$ und $ep_2$, eine Differenzierung, die uns ja auch bei anderen Kalyptorhynchiern, in besonders schöner Ausbildung bei *Phonorhynchus helgolandicus* und *Progyrator mamertinus*, entgegentritt (vgl.: MEIXNER, 1935, S. 274), also bei Formen, die, wie noch unten im einzelnen gezeigt werden soll, mit *Porrocystis* in engen verwandtschaftlichen Beziehungen stehen.

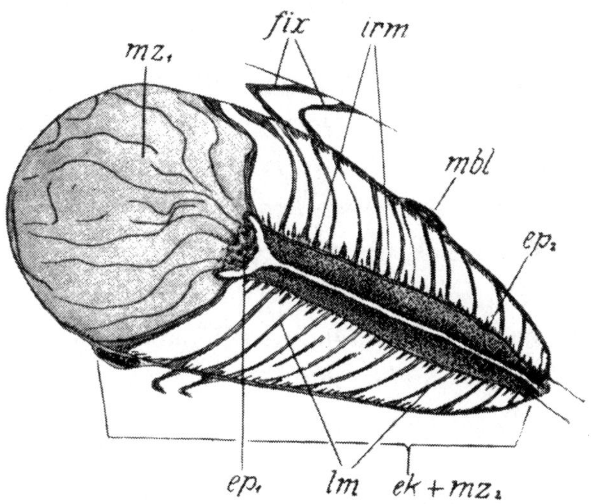


Fig. 2. Längsschnitt durch den retrahierten Rüssel von *P. drygalskii*. $ek + mz_2$ Endkegel und distaler Muskelzapfenabschnitt; $ep_1$ Epithel der Rüsselspitze; $ep_2$ Epithel der Endkegelbasis; *fix* Fixatoren; *irm* Ringmuskeln; *lm* Längsmuskeln; *mbl* Myoblast; $mz_1$ proximaler Bulbus.

Das Epithel der Endkegelspitze (Fig. 2, $ep_1$), zugleich derjenigen Endkegelepithelpartie, an die sich der verquollen aussehende Muskelteil anfügt, ist warzig, verhältnismäßig niedrig und auffallend sekretarm, dasjenige der Endkegelbasis hingegen (Fig. 2, $ep_2$) hoch (8,5—10 $\mu$), glatt und dicht von Rüsselsekret durchsetzt. Dieses, gestaltlich als Pseudorhabditen anzusprechen, setzt sich als ein deutlicher Belag bis auf die Rüsselscheide fort. Vermutlich ist es letzten Ortes jedoch erst sekundär angelagert worden.

Ein Auffinden von Sekretbahnen im Rüssel vereitelt der fragwürdige Erhaltungszustand. In Anlehnung an die Befunde an anderen Kalyptorhynchiern wird man nicht fehlgehen, einige stark färbbare Zellen im Bereiche der Rüsselbasis als Rüsseldrüsenzellen in Anspruch zu nehmen. — Die Binnenmuskulatur des Rüssels entspricht, wenn man von der schon erwähnten Differenzierung der mittleren Partien absieht, in allem dem auch für alle übrigen Kalyptorhynchier geltenden Bilde. Myoblasten kommen nur im mittleren und distalen Abschnitte des Rüssels vor; sie liegen dem Rüsselkörper außen an. (Fig 2, *mbl*).

Die Bewegungs- bzw. Außenmuskulatur des Rüssels besteht, sofern man von den nicht sicher feststellbaren Rüsselaußenlängsmuskeln absieht, aus 6 Fixatorengruppen, mehreren zarten Protraktorengruppen und drei Paaren sehr ansehnlicher Rüsselretraktorengruppen. Ihre Anordnung fügt sich im allgemeinen dem von Meixner (1925, S. 269) für *Gyratrix* gegebenen Bilde ein. Ob ein besonders dorsomedianes Rüsselretraktorpaar, wie ein solches für *Phonorhynchus helgolandicus* beschrieben wird, *Porrocystis* zukommt, möge dahingestellt bleiben. Ventrale Integumentretraktoren sind in einem Paare vorhanden, dorsal scheinen sie zu fehlen. Alles in allem tritt uns im Rüssel von *Porrocystis drygalskii* ein typischer Polycystididenrüssel entgegen, eine Tatsache, die in vollem Einklange mit der auf Grund der übrigen Anatomie gewonnenen Anschauung über die systematische Stellung dieses Tieres steht.

Verdauungsapparat: Die verhältnismäßig weit vorn liegende Mundöffnung kann mittels eines kräftigen Sphinkters verschlossen werden. Ein äußerst kurzes Mundrohr geleitet in die recht ansehnliche, obschon enge, schalenförmige Pharyngealtasche, in die der sehr große, abgeflacht kugelige Pharynx vorragt. In der unmittelbaren Umgebung der Schlundkopftasche liegen einige ansehnliche Kerne, die wohl als versenkte Zellteile des sonst kernlosen Pharyngealtaschenepithels angesprochen werden dürfen. Der Pharynx ist ein Pharynx rosulatus von dem den Kalyptorhynchiern eigenen, in manchem von den Typhloplaniden abweichenden Bau (vgl. Meixner 1925, S. 289). Gestaltlich nähert er sich vermöge der Verkürzung seiner Längsachse zweifellos sehr demjenigen von *Acrorhynchus caledonicus* (Clap.). Seine im allgemeinen schwache Muskulatur bietet wenig Besonderheiten. Die äußeren Längsmuskeln sind recht kräftig und dicht aneinandergereiht, die äußeren Ringmuskeln sehr dünn, möglicherweise sogar konstant dünner als die sehr spärlichen inneren Ringmuskeln. Obere und untere Sphinkteren sind sehr schwach ausgebildet, man kann sagen, nur eben angedeutet. Das gleiche gilt hinsichtlich der von Meixner für die Kalyptorhynchier nachgewiesenen, dem Oesophagus benachbarten vier „Buckel“.

Die Zahl der inneren Längsmuskeln ist an dem Sagittalschnitte nicht sicher feststellbar; anscheinend ist sie sehr gering, kaum viel mehr als 20. Radiärmuskeln finden sich 15—20 in einem Meridian; die Zahl der letzteren entspricht im wesentlichen der der inneren Längsmuskeln. Ähnlich verhält es sich bei allen übrigen Kalyptorhynchiern. Wenn also Meixner (loc. cit. S. 291) von einer den inneren Längsmuskeln entsprechenden Radiärmuskelzahl berichtet, so liegt ein Versehen vor, es sollte richtig Radiärmuskelmeridiane heißen. Im Pharynxkörper liegen sehr ansehnliche Drüsenzellen, deren überwiegende, vornehmlich in den mittleren und unteren Pharynxpartien gelegene Zahl ein grobkörniges, mit Eosin kräftig färbbares Sekret enthält. Gleichgestaltete Zellen liegen auch außerhalb des Pharynx zu Seiten desselben; sie ergießen ihr Sekret am oberen Pole in den Pharynx. Vier der intrapharyngealen, erythrophilen Drüsenzellen weisen ein homogenes Aussehen auf, färben sich tiefrot und umschließen Vakuolen. Sie sind in die Längs- und Querachse des Tieres eingestellt. Zweifellos handelt es sich hier um die von Westblad (1923, S. 59) für *Acrorhynchus caledonicus* (Clap.) und *Polycystis nägelii* Köll. nachgewiesenen „Kreuzdrüsen“. Im proximalen Abschnitte des Pharynx liegen überdies eine große Anzahl cyanophiler Drüsen, die dortselbst einen förmlichen Ring bilden und ihre Ausführgänge zwischen ihren erythrophilen Genossen pharynxsaumwärts entsenden. — Die Bewegungsmuskulatur des Pharynx entspricht im wesentlichen dem für die *Polycystididae* und *Gyratricidae* Bekannten. Unterschiede betreffen nur die Schlundkopfprotraktoren, die nur in einem Paare vorhanden zu sein scheinen und von denen das rostrale Paar das caudale an Stärke übertrifft. Auch dürfte die Anheftungsstelle, soweit das vorliegende Material etwas davon erkennen läßt, vom oberen Pharynxpol etwas distal verschoben sein.

Der Pharynxbau von *Porrocystis drygalskii* bestätigt den schon am Rüssel gewonnenen Eindruck, daß diese Form in verwandtschaftlichen Beziehungen zu den übrigen Polycystididen steht. Insbesondere ist es diesenfalls *Acrorhynchus caledonicus* (Clap.), an den sich Anknüpfungspunkte ergeben.

Der Oesophagus ist sehr kurz, sein Epithel entbehrt der Kerne. Ein Kranz von Körnerkolben umgibt seine Verbindungsstelle mit dem Darm; also alles Befunde, die den von Meixner für die übrigen Kalyptorhynchier erhobenen gleichen.

Der „Darm" von *Porrocystis* ist vollständig plasmodial und acoeloid, ja es scheint sogar zweckmäßiger, gar nicht von einem „Darm", sondern vielmehr von einem „verdauenden Parenchym" zu sprechen. Diese Befunde stehen in völliger Übereinstimmung mit den Angaben einiger Autoren (Gamble 1893, S. 465; Westblad 1923, S. 53; Reisinger 1924, S. 10), die für verschiedene Kalyptorhynchier den plasmodialen Charakter und die unscharfe Begrenzung des „Darmes" gegen das Mesenchym hervorheben. Meixner kommt in seiner Kalyptorhynchiermonographie (1925) wohl infolge etwas weiter Fassung des Darmbegriffes zu einem abweichenden Ergebnis und scheint mit seinen Ausführungen in Gewissem gegen die genannten Autoren Stellung nehmen zu wollen. Da dieser Sache, in Hinblick auf die oft erörterte und über Gebühr theoretisch ausgeschrotete „*Acoelie*", eine gewisse allgemeine Bedeutung zukommt, scheint es gerechtfertigt, dem Acölie-Problem der Kalyptorhynchier einige Worte zu widmen. — Vor allem scheint es dabei aber notwendig, sich überhaupt darüber klar zu sein, was man eigentlich bei einem Turbellar als „Darm" zu bezeichnen hat, eine prinzipielle Frage, die man, so grotesk es auch ist, bei den *Acoelie*-Debatten stets übergehen zu können glaubt. — Was ist also ein „Darm" bei einem Plathelminthen? Meines Erachtens doch wohl nur ein dem „Mitteldarm" höherer Metazoen entsprechendes, der Verarbeitung von Nahrung dienendes Rohr oder Röhrensystem (in seltenen Fällen ein solider Zylinder), welches entwicklungsgeschichtlich als Entoderm definiert, nichts Nichtentodermales in sich einbezieht. Ob dasselbe nun plasmodiale oder epitheliale Wandstruktur aufweist, das ist vor allem physiologisch bedingt, für das Prinzipielle der Sache jedoch ganz gleichgültig. In diesem Sinne ist z. B. das sogenannte „Zentralparenchym" vieler *Acoela* (z. B. *Convoluta convoluta* Abildg.), das sich scharf von den übrigen Gewebsbestandteilen abhebt und keine fremden Organe in sich birgt, ein typischer, wenn auch nur periodisch lumenführender Darm. Zahlreiche Beobachtungen haben es zur Gewißheit gemacht, daß dem Lumen, das schon zu vielen Irrungen geführt hat und dessen angeblich konstantem Nichtvorhandensein die *Acoela* ihren Namen verdanken, im Falle plasmodialer Gewebsstruktur gar keine morphologische Bedeutung zukommt, ganz abgesehen davon, daß das jeweilige Untersuchungsergebnis oft bei ein und demselben Tier je nach der verwandten Konservierungsmethode zu ganz unterschiedlichen Ergebnissen führen kann. So sei nur erwähnt, daß *Aphanostoma diversicolor* Örsted auf Schnitten sich meist „acoel" darstellt, daß dasselbe Tier jedoch lebend beobachtet, recht oft die Aufnahme von Wasser durch den Mund und infolge davon das schönste Darmlumen erkennen läßt. Auch Meixner sucht sich (1925, S. 292) bei seinen Ausführungen auf das Lumen zu berufen, muß aber gleichzeitig zugeben, daß ein solches gerade bei den Kalyptorhynchiern häufig nur in der Umgebung des Darmmundes zu erkennen ist. —

*Porrocystis* wie auch alle übrigen bisher genauer untersuchten *Polycystididae* und *Gyratricidae* (und damit die überwiegende Mehrzahl der Kalyptorhynchier; ich kenne unter diesen überhaupt nur eine einzige Form mit einem echten Darm: *Koinocystis neocomensis* (Fuhrmann)) sind jedoch nicht nur sehr schwankend hinsichtlich des Vorhandenseins und der Größe des Lumens, diese Tiere besitzen überhaupt gar keinen Darm von der herkömmlichen Gestalt, diese Würmer sind acoel, acoeler als die überwiegende Zahl der Acoelen! Man halte sich nur ganz unbefangen und unbefleckt von theoretischen Bedenken den nackten morphologischen Befund vor Augen! Nach diesem wird das Innere des Körpers dieser Kalyptorhynchier von einem Nahrungskörper einschließenden Plasmodium erfüllt, von einem Gewebe, welches vielfach bis an den Hautmuskelschlauch heranreicht, sich von den Bindegewebspartien im Vorderkörper (Mesenchym) nicht scharf abgrenzen läßt (außer schlechte Konservierung führt zu Schrumpfungen und damit Zerreißungen!) und in dessen Innerem sowohl vereinzelte distinkte, zellige Elemente wie auch die mannigfaltigsten Organe hüllenlos liegen. Da diese Schilderung auch schon für die jüngsten Tiere zutrifft, gebrauche ich den Ausdruck Plasmodium statt des vielfach gebrauchten Synzytium, ohne damit jedoch etwas in phylogenetischer Hinsicht aussagen zu wollen. Ich frage: Kann man solch eine Gewebsmasse mit Fug und Recht Darm nennen? — Meixner (loc. cit. S. 293) glaubt anscheinend dieses Verhalten als etwas Sekundäres, Unwesentliches hinstellen zu können, wenn er sagt, daß mit dem Anwachsen der Geschlechtsorgane der Darm stark eingebuchtet und zum Teil dorsad gedrängt wird, und daß die in den Lückenräumen verbleibenden Darmpartien dann einzelne Organteile umhüllen. Ohne die Berechtigung, den geschilderten Vorgang so anzunehmen, prüfen zu wollen, sei statt fruchtloser Erwägungen auf eine einzige Tatsache hingewiesen, die Meixner kaum entgangen sein dürfte, der er jedoch mit keinem Worte Erwähnung tut. Bei allen Kalyptorhynchiern durchziehen nämlich die großen Binnenmuskeln, also speziell die Retraktorensysteme von Rüssel und Vorderende sowie Teile der Bewegungsmuskulatur des Pharynx und Genitalapparates, hüllenlos das Darmfunktion versehende Parenchym, ein außerordentlich auffallendes und die Sachlage grell beleuchtendes Verhalten, das, da bereits an frisch dem Ei entschlüpften Tieren obwaltend, wohl nur Phantasie im Sinne sekundärer Verlagerung wird auslegen können. Sehr schön bringt die Abb. 18, S. 291 in Meixners (1925) Arbeit die geschilderte Eigentümlichkeit und die geradezu zentrale Lage einiger Retraktoren zur Ansicht. — Geht es nun aber an, eine Gewebsmasse, die von großen Bewegungsmuskeln hüllenlos durchzogen wird, einen „Darm" zu nennen? Nach der herkömmlichen, engen Fassung des Darmbegriffes doch wohl nicht.

Es muß endlich einmal mit dem alten Wahn: hic *Acoela* — hic *Coelata* gebrochen werden, und man muß den Mut finden, endlich einmal nachdrücklichst festzustellen, daß es coelate *Acoela* und acoele *Coelata* gibt und daß es verfehlt ist, einer *Gastraea*-Theorie zuliebe mit den Tatsachen „Vogel-Strauß-Politik" zu treiben.

Exkretionsapparat: Die einzigen Gebilde, welche man mit Sicherheit dem Protonephridialsystem zurechnen kann, sind ansehnliche Zellen in den seitlichen Partien unseres Wurmes, die sich so eng in Lage, Form, Größe und geweblichem Gefüge an die für *Polycystis*, *Gyratrix* usw. beschriebenen, den Exkretionskanälen dicht anliegenden athrocytären Elemente, die Paranephrocyten (REISINGER, 1922) anschließen, daß an ihrer Identität mit letzteren nicht gezweifelt werden kann. Mit Schleimdrüsen haben dieselben nichts zu tun, was ich besonders anführe, da WESTBLAD (1923, S. 205) meine Befunde an *Polycystis* zum Teil in diesem Sinne auszulegen versucht. Über den Kanalverlauf und die Lage der Exkretionsporen ist nichts zu erfahren.

Nervensystem und Sinnesorgane: Das infolge der bedeutenden Größe des Rüssels, ziemlich weit hinten gelegene Gehirn schließt sich eng an die Befunde MEIXNERS (1924 S. 285) an anderen Kalyptorhynchiern an. Es ist kurz und sehr breit, also vom *Polycystis*-Typ, und trägt dorsal ein Paar großer Ganglienzellkappen. Aus ihm entspringen 3 Paare hinterer Längsnervenwurzeln, die sich jedoch vermöge des mangelhaften Erhaltungszustandes ebensowenig wie die zahlreichen nach vorn ziehenden Nerven weiter verfolgen lassen. Befunde an *Gyratrix hermaphroditus* EHRENBERG, die anderen Orts[1]) kurz berührt wurden, haben überdies gezeigt, daß die 3 hinteren Längsnervenpaare der Kalyptorhynchier sich bis in die vordere Körperspitze, also weit über die Verbindungen mit dem Gehirn hinaus, fortsetzen.

Von Sinnesorganen ist nur der Augen zu gedenken. Tastborsten sind natürlich an dem vorliegenden Objekt nicht erhalten.

Die Augen von *Porrocystis drygalskii* sind an dem vorliegenden Exemplar recht gut zu sehen und im Vergleich zu dem übrigen Erhaltungszustand glänzend erhalten, was auf eine ziemliche Widerstandsfähigkeit des betreffenden Gewebes schließen läßt. Sie sind in Übereinstimmung mit den übrigen Kalyptorhynchiern typische Doppelaugen, deren Pigmentbecher schräg nach vorn außen und nach rückwärts außen gerichtet sind. Scharf markiert ist die Grenze zwischen den beiden Pigmentbecherbasen. Im Inneren jedes Pigmentbechers findet sich ein Retinakolben, der aus einem zentralen, etwas abgeflachten Neurofibrillenstab (Fig. 3, *f*) und einer diesen überdeckenden Stiftchenkappe besteht. Letztere ist anscheinend nur in den lateralen, einen Zylindermantel darstellenden Teilen gut entwickelt, die terminale Überkleidung der Fibrillenachse hingegen ist niedrig und stiftchenarm. Die Stiftchen (Fig. 3, *st*) stehen senkrecht auf dem Fibrillenstab und zeichnen sich in den diesem zugewandten Abschnitten durch lebhaftere Färbbarkeit aus. Der ganze Retinakolben gehört aller Voraussicht nach einer einzigen Zelle an, ebenso wie auch jeder Pigmentbecher einzellig ist. Jedes *Porrocystis*-Auge besteht mithin mindestens aus 4 Zellen. Gleichen die Augen dieser Form zwar im groben, also hinsichtlich Lage und Ausbildung der Pigmentbecher, denjenigen der von MEIXNER (1925, S. 287—288) untersuchten Arten, so ist ihre Detailstruktur, wie aus dem Gesagten ersichtlich ist, doch recht abweichend. Im Vorhandensein einer typischen, die zentrale, fibrilläre Achse bedeckenden Stiftchenkappe gibt sich eine beträchtliche Annäherung an die übrigen *Rhabdocoela* kund, und bei unbefangener Betrachtung der typischen Eigentümlichkeiten dieser Augen, wie der offensichtlichen Rückbildung der distalen

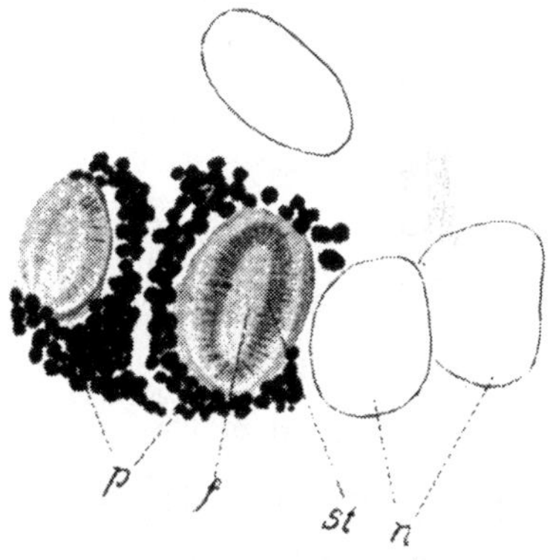


Fig. 3. Auge von *Porrocystis drygalskii*. ca. 1000 × vergr. *f* Neurofibrillenstab; *n* Ganglienzellenkerne (nur im Umriß angedeutet); *p* Pigmentbecher; *st* Stiftchenkappe.

[1]) Z. f. Morph. u. Ökol. d. Tiere. 5. Bd., 1. Heft, S. 142.

Überwölbung und der auffallenden Abplattung des ganzen Kolbens, erhält man ein ganz gutes Bild davon, wie bei weiterer Spezialisierung in dieser Weise aus dem normalen Rhabdocoelenauge das Kalyptorhynchierauge des von Meixner geschilderten Typus entstehen kann.

Daß Doppelaugen dem Richtungssehen, also dem Erkennen der Richtung des einfallenden Lichtes, und zwar vollkommener als einfache Augen, dienen können, ist klar, daß dieses Richtungssehen jedoch für den Gebrauch des Rüssels vorteilhaft sein kann, wie Meixner meint, ist mir unverständlich. Für ein Bewegungs- oder gar ein primitives Bildsehen jedoch, die allein für den gedachten Zweck ersprießlich sein könnten, kommt das Kalyptorhynchierauge schon aus rein physikalischen Gründen unter keinen Umständen in Frage.

Die Größenverhältnisse des *Porrocystis*-Auges endlich mögen nachstehende Angaben kennzeichnen. Länge des Retinakolbens schätzungsweise (es liegen nur Sagittalschnitte des Tieres vor, die denselben in schräger Richtung durchsetzen!): 10 $\mu$, Tiefe des Pigmentbechers: 12 $\mu$, Längsdurchmesser des Retinakolbenquerschnittes: 10 $\mu$, Querdurchmesser des Retinakolbenquerschnittes: 7 $\mu$, Höhe der Stäbchen: 3,6 $\mu$. Diese Zahlen beziehen sich auf das nach vorn gerichtete Einzelauge, das nach rückwärts sehende ist etwas kleiner.

Geschlechtsapparat: Der Geschlechtsapparat von *Porrocystis drygalskii* (Fig. 4) fügt sich recht gut in das von anderen Kalyptorhynchiern her gewohnte Bild ein, demgegenüber ihn lediglich einige Besonderheiten auszeichnen, die auf ziemlich ursprüngliche Verhältnisse bei unserem Wurm schließen lassen.

Gonaden: Das vorliegende Tier befindet sich im Stadium weiblicher Geschlechtsreife, die männlichen Keimdrüsen sind im Zusammenhange damit bis auf spärliche Reste bereits rückgebildet, ihre Ausleitungsbahnen jedoch noch wohl erhalten und mit Sperma gefüllt. Alle Geschlechtsdrüsen: Hoden, Keimstöcke und Dotterstöcke sind paarig. Erstere (Fig. 4, *te*) liegen dorsolateral über und zum Teil hinter dem Pharynx, werden jedoch trotz ihrer rückenständigen Lage noch von Dotterstockpartien überlagert. Die beiden rundlichen Germarien (Fig. 4, *ge*) liegen hinter dem Genitalporus, ihre Keimzellen schließen unregelmäßig aneinander; diese Organe entsprechen mithin dem zweiten, von Meixner (loc. cit. S. 298) namhaft gemachten Typ. Einzelne Dotterkörnchen im Plasma der Eizellen sowie eine deutliche Keimstockhülle (Tunica propria) sind wohl zu erkennen. — Die Vitellarien (*vi*) verbreitern sich über die ganze Rückenseite des Wurmes; soweit sich an den Schnitten sehen läßt, sind sie reich verzweigt, vielleicht auch miteinander anastomosierend, ohne jedoch darob ihren paarigen Charakter zu verwischen. Schalentröpfchen erfüllen in reichlicher Zahl die Dotterzellen, sodaß auf die Bildung dicker Eikapselschalen bei *Porrocystis* geschlossen werden kann.

Männlicher Kopulationsapparat: Am männlichen Begattungsapparat von *Porrocystis drygalskii* lassen sich zwei Hauptabschnitte: der eigentlich spermaführende Teil und der Sekretapparat, unterscheiden, die in diesem Fall eine so weitgehende räumliche Sonderung aufweisen, wie sie in ähnlicher Schärfe wohl kaum einem anderen Rhabdocoelen eignet.

Eine unbefangene Betrachtung der bei *Porrocystis* obwaltenden Verhältnisse genügt, zu zeigen, wie eindringlich dieselben an eine Auslegung im Sinne der seinerzeit von Lang für die Polycladen vertretenen „Waffentheorie“ gemahnen. Ich habe mich schon wiederholt als deren Anhänger bekannt und betone hier nochmals, daß sich mir heute mehr denn jemals die Auffassung von einer ursprünglich begattungsfremden, dem Angriff oder der Verteidigung dienenden Natur der mit Hartteilen bewehrten Kornsekretapparate der Plathelminthen gefestigt hat, mit der einzigen Einschränkung, daß es auch Kornsekret[1]) geben kann, das von Anfang an im Dienste geschlechtlicher Funktionen stand, ohne genetisch etwas mit Wehrapparaten gemein zu haben. In manchen Fällen gelingt es bei Tieren, bei denen diese beiden heterogenen Sekretsorten in Beziehung zum Begattungsakt getreten sind, dieselben sogar noch voneinander zu unterscheiden. Übrigens kommt den Kalyptorhynchiern nur eine Sekretsorte, nämlich solches von Waffenapparaten, zu.

Ich beginne mit der Schilderung des sekretführenden Abschnittes, da dieser vermöge seiner mächtigen Ausbildung das Gesamtbild des Kopulationsapparates beherrscht. Vom ansehnlichen Atrium genitale (Fig. 4, *ag*) führt ein mächtiger Gang (*gkg*), ein Genitalkanal für Sekretförderung rostrad, um nach einer kurzen Umbiegung mit dem Kornsekretapparat zu endigen. Dieser besteht aus einer länglich-ovalen, ungemein muskelkräftigen Blase, der Vesicula granulorum (Fig. 4, *vg*) und einem deren distalem Ende aufsitzenden Kutikularstilett (*s*). Am proximalen Ende des Muskelbulbus treten die Ausführgänge der Kornsekretdrüsen (*dr*) ein. Der Kornsekretbehälter mißt $^1/_{10}$ mm in der Länge; seine

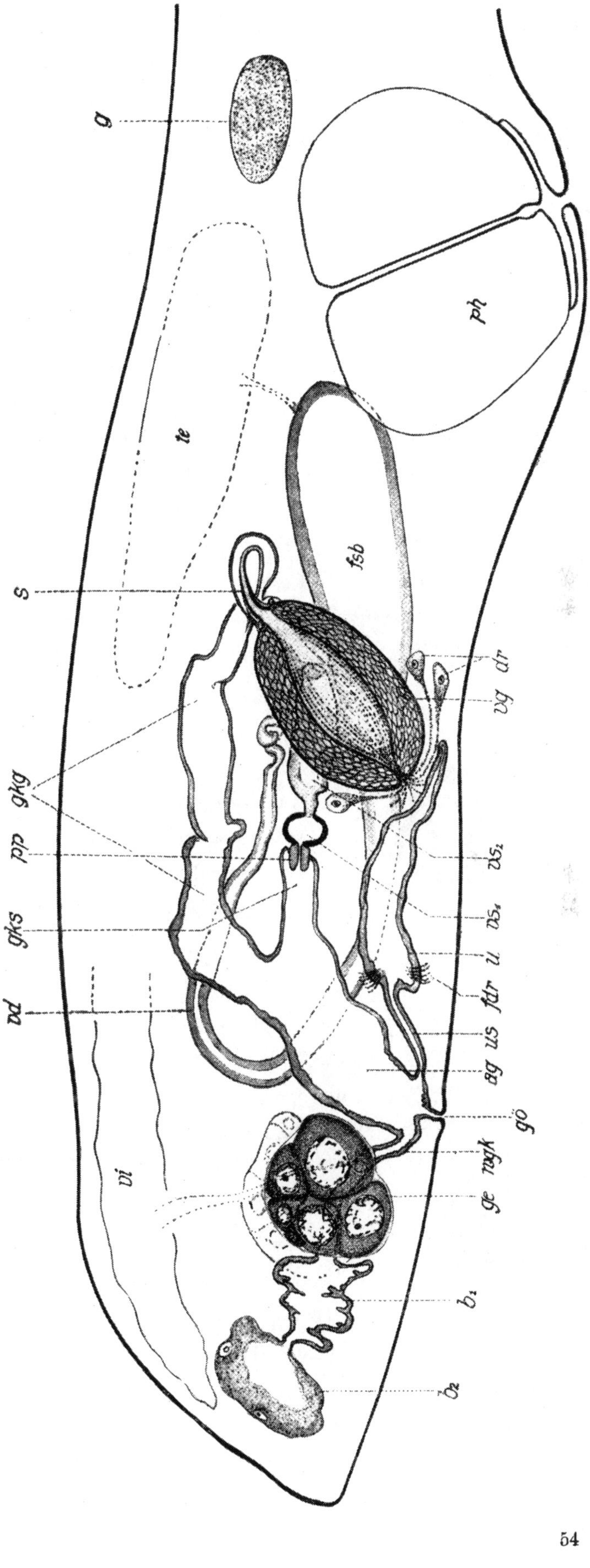


Fig. 4. *Porrocystis drygalskii*, Organisationsschema. *ag* Atrium genitale; $b_1$ distaler Abschnitt der Bursa; $b_2$ Endblase der Bursa; *dr* Kornsekretdrüsen; *fdr* Schalen (Filament)-Drüsen; *fsb* falsche Samenblase; *g* Gehirn; *ge* Keimstock; *gkg* Genitalkanal für Sekretförderung; *gks* Genitalkanal für Spermaförderung; *gö* Geschlechtsöffnung; *pp* Penispapille; *ph* Pharynx; *s* Stilett; *te* Hoden; *u* Uterus; *vd* Vas deferens; *vg* Vesicula granulorum; *vi* Dotterstock; $vs_1$ distaler Abschnitt der Vesicula seminalis; $vs_2$ proximaler Abschnitt derselben; *wgk* weiblicher Genitalkanal.

[1]) Z. B. dasjenige von *Convoluta*.

Wandung besteht aus 7—8 Lagen mächtiger Spiralmuskelbänder, der Binnenraum ist von einer ziemlich widerstandsfähigen, homogenen Membran, wohl dem Rest des ursprünglichen Innenepithels oder dessen Basalmembran ausgekleidet. Das Sekret der Kornsekretdrüsen ist feinkörnig und durchzieht den Binnenraum des Sekretbehälters der ganzen Länge nach in zahlreichen dünnen Strängen.

Das Kutikularstilett (Fig. 4, *s*, Fig. 5) weist einen sehr bezeichnenden Basalring (Fig. 5, *br*), eine Aufwulstung seines proximalen, trichterförmig erweiterten Randes auf, mit der es dem Sekretbehälter aufsitzt. Der Durchmesser dieser Partie beträgt ca. 12 $\mu$ und ist doppelt so groß wie der mittlere Durchmesser des eigentlichen Stiletts. Dieses ist ziemlich dickwandig und verhältnismäßig sehr lang. Es zeigt eine spirale Krümmung konform der Gestalt des Genitalkanales und endet mit einer abgeschrägten, feinen Öffnung. Jedenfalls ist es bemerkenswert, daß es noch zu keinen Komplikationen im Stilettbau gekommen ist, wie sie z. B. von *Polycystis nägelii* KÖLL. oder *Macrorhynchus croceus* (O. FABR.) gemeldet werden, eine Tatsache, die in Einklang mit der primitiven Stellung steht, die wir *Porrocystis drygalskii* unter den Kalyptorhynchiern einzuräumen geneigt sind. Der sekretführende Genitalkanal ist mit einer deutlichen Ringmuskularis ausgestattet. — Am oberen Ende des Atrium, dort, wo sich dieses zum sekretführenden Geschlechtsgang verschmälert zweigt ein weiterer kurzer Ast (Fig. 4, *gks*) ab, der ebenfalls rostrad zieht und in dessen Grunde sich der Ductus ejaculatorius auf einer deutlichen Penispapille (Fig. 4, 6, *pp*) öffnet. Dieser „eigentliche" männliche Genitalkanal (männlicher Genitalkanal für Spermaförderung) unterscheidet sich, abgesehen von etwas geringeren Dimensionen, strukturell in nichts von dem Sekretgang. Besonders auffallend ist die schon erwähnte Papille, welche einen Penis s. str. bildet, ein unter Rhabdocoelen sehr seltenes, unter den Kalyptorhynchiern überhaupt einzig dastehendes Verhalten. Die Papille, die mit ihrer Länge von 22 $\mu$ ein immerhin schon recht auffallendes Gebilde darstellt, scheint, eine weitere Merkwürdigkeit, jeglicher Muskulatur zu entbehren und rein fibröser Natur zu sein. Ihr Außenepithel ist lediglich durch eine strukturlose Membran vertreten. In den proximalen Abschnitt dieses Penis, knapp neben dem Ansatze der Vesicula seminalis, münden zahlreiche cyanophile (Schleim-) Drüsen (Fig. 6, *cdr*). Die anschließende Samenblase zerfällt in einen distalen, an den Penis schließenden kugeligen Abschnitt $vs_1$ und einen langgestreckten proximalen Teil $vs_2$, in dessen blindes Ende die beiden Vasa deferentia münden. Beide Samenblasenabschnitte sind mit einer eigenen Muscularis ausgestattet, mithin als „echte, äußere Samenblasen" zu bezeichnen. Die Wandung der kugeligen, distalen Partie enthält langgestreckte, von Hämatoxylin fast schwarz gefärbte, sehr auffallende Gebilde, die vielleicht auf umgestaltete Epithelkerne zu beziehen sind. Die beiden Samenblasenabschnitte gehen allmählich ineinander über und sind von Sperma erfüllt.

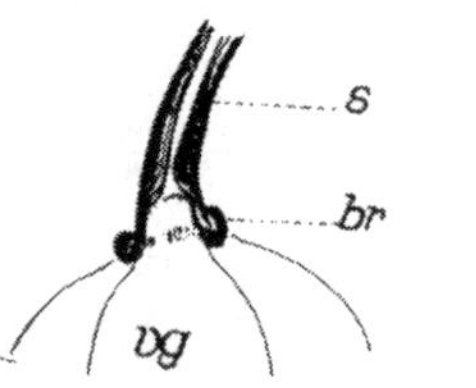

Fig. 5. Stilettbasis von *Porrocystis drygalskii*. *br* Basalring; *s* Stilett; *vg* Sekretbehälter.

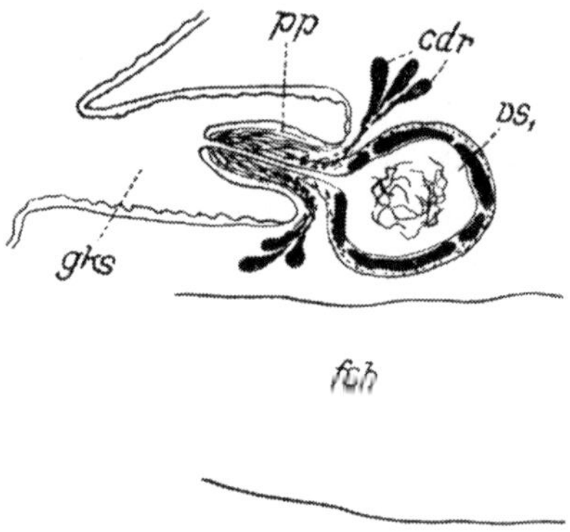

Fig. 6. Penis von *Porrocystis drygalskii*. *cdr* cyanophile Drüsen; *fsb* falsche Samenblase (nur angedeutet); *gks* „eigentlicher" männlicher Genitalkanal (Genk. für Spermaförderung); *pp* Penis s. str.; $vs_1$ distaler Samenblasenabschnitt (die Fortsetzung in den proximalen fällt nicht in den Schnitt).

— Die beiden Vasa deferentia (Fig. 4, *vd*) (in der Figur ist nur das eine eingezeichnet) bieten, abgesehen von ihrem komplizierten Verlauf, nichts Besonderes; in ihren proximalen Teilen sind sie zu gewaltigen „falschen Samenblasen“ (Fig. 4, *fsb*) erweitert und prall mit Sperma angestopft. Übrigens gibt sich in der Lage der Vasa deferentia und der falschen Samenblasen eine Asymmetrie kund, die jedoch vermutlich rein zufällig, nur dem vorliegenden Exemplar zu eigen sein dürfte. Jedenfalls müssen diese falschen Samenblasen dem lebenden Wurm ein ganz bezeichnendes Gepräge verleihen.

Die Verbindung zwischen den nur mehr in Resten nachweisbaren Hoden und den falschen Samenblasen ist an dem vorliegenden Tier nicht zu erkennen.

Dem weiblichen Geschlechtsapparat gehören außer den Gonaden: Germarien + Vitellarien, eine zweiteilige Bursa und ein typischer Kalyptorhynchier-Uterus an. Letzterer öffnet sich unter Vermittlung eines ziemlich langen Uterusstieles (Fig. 4, *us*) in die vordere Atrialwandung, knapp oberhalb des Genitalporus (*gö*). Der Uterus selbst (*u*) ist ein langgestreckter Sack mit ziemlich hohem Innenepithel, in dessen distalen, an den Stiel sich schließenden Abschnitt die Schalendrüsen (*fdr*) ihr Sekret ergießen. Ich gebrauche für diese Drüsen den alten Ausdruck, da es sich herausgestellt hat, daß dieselben entgegen der seinerzeitigen Auffassung Meixners, der sie als Filamentdrüsen bezeichnet, nicht nur für die Bildung des Eistieles (Filamentes), sondern auch für die Bildung der Eischale von Bedeutung sind. Es muß überhaupt darauf hingewiesen werden, daß die Schalendrüsen (akzess. weibl. Dr.) bei fast allen Plathelminthen, wie aus einer großen Zahl einschlägiger Beobachtungen gefolgert werden muß, für die Eischalenbildung, obwohl letztere dem Materiale nach meist zum überwiegenden Teile aus den Schalentröpfchen der Dotterzellen erfolgt, von ausschlaggebender Bedeutung sind. Eine eingehendere Korrektur seiner unrichtigen Angaben bleibt J. Meixner selbst überlassen.

Dem Uterusstiel gegenüber entspringt von der rückwärtigen Atriumwandung der weibliche Genitalkanal (*wgk*), der von beiden Seiten her die Ausführungsgänge der weiblichen Gonaden empfängt und der sich bald zu einer ansehnlichen Bursa ($b_1$, $b_2$) erweitert. Diese besteht aus einer vielfach gefalteten, innen anscheinend etwas kutikularisierten, rostralen Abteilung $b_1$ und einer hochwandigen Endblase, deren Gewebe stark plasmodialen Charakter aufweist und an deren resorbierender Funktion nicht gezweifelt werden kann. Spricht der Bau der distalen Bursaabteilung dafür, in dieser eine das Kopulationsorgan aufnehmende Bursa seminalis zu sehen, so reiht sich die Endblase all den vielen Bildungen an, die immer und immer wieder bei den verschiedensten Formen, anscheinend unabhängig voneinander, in Wahrheit jedoch wohl aufeinander zu beziehen, in Erscheinung treten und die alle ursprünglich nichts anderes als eine besonders differenzierte Partie des zentralen, verdauenden Plasmodiums bzw. des Darmes sein dürften.

Die Erörterung der Stellung von *Porrocystis drygalskii* innerhalb der Kalyptorhynchier erfordert einen systematischen Exkurs.

Die neueste Darstellung der Kalyptorhynchiersystematik danken wir J. Meixner (1925). Dieser Autor teilt die genannte Turbellariengruppe in vier Familien: *Gyratricidae*, *Polycystididae*, *Koinocystididae* und *Schizorhynchidae*, die zweifellos natürlichen Gruppen entsprechen, wenn es sich vielleicht auch empfehlen dürfte, die Schizorhynchiden unter die Koinocystididen, etwa als Subfamilie, mit einzuziehen. — Innerhalb der *Polycystididae* — nur diese Familie kommt bei der Frage nach der systematischen Stellung von *Porrocystis* in Betracht — werden nur 2 Genera, *Phonorhynchus* und *Polycystis*, unterschieden. MEIXNER gründet diese Einteilung vor allem auf das gegenseitige Verhältnis der Einmündung der Genitalkanäle ins Atrium. Ganz abgesehen davon, daß es aus billigen Gründen und im Interesse der annähernden Gleichwertigkeit systematischer Kategorien innerhalb einer größeren Gruppe doch nicht gut angeht, so außerordentlich abweichend gestaltete, ja im Leben geradezu abenteuerlich anmutende Formen wie *Acrorhynchus caledonicus* (CLAP.) zu *Polycystis* zu schlagen, zeigt sich die Unhaltbarkeit der MEIXNERschen Einteilung — so wünschenswert Vereinfachungsversuche auch immer sind — an der Verlegenheit, in die man hinsichtlich *Porrocystis* kommt und die den Anstoß zur Aufstellung dieses neuen Genus gegeben hat. Müßte diese Art doch bei Grundlage der M.schen Einteilungsprinzipien der Gattung *Polycystis* einverleibt werden, obwohl sie sich hinsichtlich der Gestaltung des männlichen Apparates an „*Phonorhynchus*“ *mamertinus* (GRAFF), hinsichtlich Lage und Gestalt der Bursa jedoch an *Phonorhynchus helgolandicus* (MECZNIKOW) anschließt. Das Unnatürliche eines solchen Systems liegt auf der Hand. Die Einbeziehung der ehemaligen „*Polycystis*“ *mamertina* (GRAFF) unter *Phonorhynchus* ist übrigens schon rein formell wenig empfehlenswert, ist letztere Gattung doch auf Grund eines separaten Giftorgans gegründet worden, einer Bildung, die bei derselben vollkommen konstant auftritt, „*Ph.*“ *mamertinus* jedoch nicht zukommt. Das Merkmal von der rostralen Einmündung des männlichen Genitalkanals, dem die Vereinigung der beiden genannten Arten zu danken ist, erweist sich als äußerst verfänglich, um nicht zu sagen gezwungen, insofern dieser Gang sich seinem Hauptverlaufe nach in beiden Fällen gerade entgegengesetzt verhält und bei *Ph. helgolandicus* nur vermöge einer unmittelbar am Atrium gelegenen Biegung mit *mamertinus* in Einklang gebracht werden kann. Ich behaupte, in solchen Fällen muß, wenn nicht gewichtige Gegengründe ontogenetischer Natur vorliegen, der allgemeinen Topographie, solchen kleinen Mündungsverschiedenheiten gegenüber ein unbedingtes Vorrecht eingeräumt werden. Mitbestimmend mag das praktische Moment sein, daß es zwar ganz unmöglich ist, Feinheiten dieser Art, die sich übrigens je nach dem Kontraktionszustand des Tieres ändern können, am lebenden Objekt allezeit einzusehen, daß der gewaltige Lageunterschied des ganzen weiblichen Geschlechtsapparates jedoch a u f  d e n  e r s t e n  B l i c k  i n  d i e  A u g e n  s p r i n g t. Wollte man sich in der Turbellariensystematik nach Einmündungsfakten richten, dann müßte man m. E. ja mit gleichem Recht die Gattung *Prorhynchus* aufspalten, wie ein Blick auf die von STEINBÖCK beigebrachten Genitalapparatschemata (1924, S 236) von *Pr. hastatus* STEINB. und *Pr. stagnalis* M. SCHULZE zeigt. Damit ist begreiflich nichts gegen den hohen Wert von Erwägungen dieser Art für die Erkenntnis der natürlichen Verwandtschaftsbeziehungen gesagt. Ich kann mich also dem vereinfachten System MEIXNERS nicht anschließen und bringe eine erweiterte Einteilung der *Polycystididae* bei, die auch *Porrocystis drygalskii* mit einbegreift:

1. Gen.: *Polycystis* KÖLLIKER 1845. Typus: *Polycystis nägelii* KÖLL.

   *Polycystididae* mit einer in den männlichen Genitalkanal mündenden Bursa. Weiblicher Genitalkanal kurz, ohne Anhangsgebilde und caudal von ersterem ins Atrium mündend.

2. Gen.: *Macrorhynchus* GRAFF 1882. Typus: *Macrorhynchus croceus* (O. FABRICIUS).

   *Polycystididae* mit caudal vom männlichen liegenden weiblichen Geschlechtsapparat. Ohne Bursabildungen. (Diese Gattung umfaßt *M. croceus* und *M. goettei*

(BRESSLAU). Letzterer könnte u. U. in ein eigenes Subgenus: *Opisthocystis* (SEKERA 1912) gestellt werden.)

3. Gen.: *Acrorhynchus* GRAFF 1882. Typus: *Acrorhynchus caledonicus* (CLAPARÈDE).
   *Polycystididae* ohne Kuticularbildungen am Sekretbehälter. Männlicher Genitalkanal mit Häkchen bewehrt. Weiblicher Apparat caudal vom männlichen gelegen, ohne Bursa.
4. Gen.: *Phonorhynchus* GRAFF 1905. Typus: *Phonorhynchus helgolandicus* (MECZNIKOW).
   *Polycystididae* mit einem besonderen, in den männlichen Genitalkanal mündenden Drüsen- (Gift-) Organ. Weiblicher Apparat caudal vom männlichen, mit einer Bursa.
5. Gen.: *Porrocystis* n. gen. Typus: *Porrocystis drygalskii* n. sp.
   *Polycystididae* mit räumlich getrennt ins Atrium mündenden Genitalkanälen für Sperma und Sekretförderung. Weiblicher Apparat caudal vom männlichen, mit einer Bursa.
6. Gen.: *Progyrator* SEKERA 1901. Typus: *Progyrator mamertinus* (GRAFF).
   *Polycystididae* mit rostrad vom männlichen gelegenen weiblichen Apparat. Letzterer mit einer Bursa.

*Porrocystis* fügt sich, wie aus dieser Zusammenstellung ersichtlich ist, sehr schön in die Gattungsreihe der Polycystididen ein. Eine Reihe von Merkmalen, ich erinnere nur an die in ihrer Art einzig dastehende räumliche Sonderung von Sekret- und Spermaapparat, verleihen dieser Art außerdem ein recht altertümliches Gepräge. Es wäre jedoch verfehlt, daraus irgendwelche Schlüsse tiergeographischer Natur zu ziehen, ist diese Form doch bisher der einzige Kalyptorhynchier, der nicht mehr dem unmittelbaren Litoral entstammt, sowie der einzige marine Kalyptorhynchier, der bisher überhaupt von der Südhalbkugel unseres Planeten vorliegt. Erst nach einiger Kenntnis der Rhabdocoelen-Fauna der Tropen und der Südhemisphäre, sowie der abyssalen Gründe wird man über diese Dinge sprechen dürfen.

## Ordo: **Alloeocoela.**

### Sectio: **Lecithoepitheliata.**

### Fam. **Gnosonesimidae** nov. fam.

*Gnosonesimidae* n. Fam.: *Lecithoepitheliata* ohne Statocyste. Mit paarigen ♀ Gonaden, mit ♀ Ausführgängen und einer Bursa intestinalis. Eier ekto + entolecithal.

#### Genus: **Gnosonesima** n. gen.

Mit dem Char. d. Fam. 1 Art: *G. antarctica* n. sp.

#### **Gnosonesima antarctica** n. sp.

1 Exempl. Gauß-Station 7. 2. 1903, Twist 350 m.

Diese neue Art, Typus einer neuen Gattung und Familie, der zweite marine Vertreter der sonst dem Süßwasser und dem Lande eigenen *Lecithoepitheliata*, stellt zweifellos einen der für die Turbellarienmorphologie aufschlußreichsten Funde dar, die je gemacht wurden. Leider läßt der Erhaltungszustand des einzigen, vom „Gauß“ erbeuteten Individuums viel zu wünschen übrig. Die Darstellung muß sich daher fast aller histologischen Detailfragen entschlagen und sich auf die gröbere Anatomie dieses hochinteressanten Tieres beschränken.

Das vorliegende Exemplar besitzt eine Länge von 1 mm. Im Alkohol zeigte es eine deutlich gelbrötliche Farbe, die jedoch nicht an Mesenchympigment gebunden zu sein scheint. Der Vorderkörper ist deformiert, mit der Spitze nach oben abgebogen. Soweit Rückschlüsse auf die Gestalt des lebenden Wurmes zulässig scheinen, wird sich *Gnosonesima antarctica* jedenfalls sofort an ihrem scharf zugespitzten Vorderende erkennen lassen. Pigmentierte Augenflecke o. dgl. sind nicht nachweisbar. Das gegenseitige Lageverhältnis der Körperöffnungen mag Fig. 7, die nach einem Sagittalschnitt gefertigt ist, veranschaulichen. Die Mundöffnung (*mö*) liegt terminal am Vorderende, an sie schließt sich ohne Zwischenschaltung eines Mundrohrs und einer Pharyngealtasche unmittelbar der sehr eigentümlich gestaltete Pharynx (*ph*). — Die männliche Geschlechtsöffnung

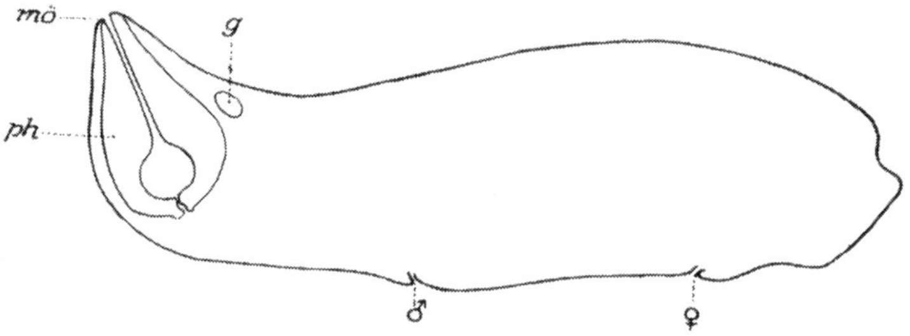


Fig. 7. *Gnosonesima antarctica*, sagittaler Längsschnitt des einzigen Exemplars. *g* Gehirn; *mö* Mundöffnung; *ph* Pharynx; ♂ männliche, ♀ weibliche Geschlechtsöffnung.

(♂), die vermutlich gleichzeitig als Vaginalporus fungieren dürfte, liegt knapp vor der Körpermitte. Der weibliche Genitalporus (♀), der die Gestalt eines ziemlich langen Ganges hat, gehört dem Anfange des letzten Körperviertels an. Alles Angaben, die sich auf das konservierte Objekt beziehend, nur relativen Wert besitzen. Das Hinterende des Tieres trägt eine bauchständige, ansehnliche Platte (Fig. 8, *hs*), die ein hohes, eingesenktes Epithel mit dazwischenliegenden Haftdrüsenzellen auf bindegewebiger Grundlage auszeichnen. Die Muskelzüge des Hautmuskelschlauches ziehen an der Basis des ganzen polsterförmigen Gebildes dahin. Es erscheint berechtigt in dieser Platte eine Haftscheibe einfachsten Baues zu sehen. Das Körperepithel ist restlos zerstört, so daß die äußere Begrenzung des vorliegenden Tieres von der homogenen, ziemlich derben Basalmembrane vollzogen wird. Immerhin besagt die Anwesenheit letzterer, daß bei *Gnosonesima* kein eingesenktes, sondern ein normales Epithel vorliegt. Über den Hautmuskelschlauch ist nichts Wesentliches zu berichten, er ist sehr käftig und vor allem die Längsmuskeln sind so ansehnlich, daß ein Rückschluß auf eine außerordentlich bedeutende Kontraktionsfähigkeit des lebenden Wurmes auf der Hand liegt. Binnenmuskeln sind äußerst spärlich vorhanden, sofern von den Bewegungssystemen des Schlundkopfes abgesehen wird. Hautdrüsen scheinen, mit Ausnahme der Haftdrüsen der Schwanzplatte, sowie mehrerer cyanophiler Drüsengruppen zu Seiten des Pharynxbulbus zu fehlen. Die Ausfuhrgänge dieser cyanophilen Kopfdrüsen lassen sich gegen das

Vorderende hin verfolgen. Ihre Ausmündung dürfte knapp oberhalb des Mundes an der Körperspitze statt haben. Leider ist aber das Tier an dieser Stelle abgescheuert, läßt also keinen Entscheid zu. Der **Verdauungsapparat** besteht aus einem sehr bezeichnend gebauten **Pharynx** (Fig. 8, *ph*), einem kurzen **Oesophagus** (Fig. 8, *ö*) und dem „Darm". Der **Pharynx** ist rostral zugespitzt, hinten abgerundet und öffnet sich an seinem distalen Ende unmittelbar nach außen. Es sind also weder ein Mundrohr, noch eine Pharyngealtasche vorhanden. Da er allseitig gegen das umgebende Gewebe abgeschlossen ist, müssen wir ihn dem Typ des Pharynx bulbosus zurechnen. Seine Muskelanordnung bietet mancherlei Abweichendes. Am ansehnlichsten sind die inneren Längsmuskeln (Fig. 8, *iln*), die meist zweischichtig, von der Pharynxspitze bis in den Pharynxbulbus ziehen, wo sie sich am Epithel einer kugeligen Erweiterung (*b*) des Pharynxlumens (Pharynxkammer) anhaften. Proximal von dieser Anheftungsstelle umspannt den kurzen, sich in den Oesophagus fortsetzenden Stiel dieser Pharynxkammer eine Schicht zarter Ringmuskeln, die der Begrenzung des Schlundkopfes folgen und sich so in die äußere Ringmuskellage (*rm*) fortsetzen. Diese Muskelschicht verläuft unmittelbar unter der zarten, das Muskelseptum des Pharynx bildenden, äußeren Längsmuskelschicht (*alm*) und setzt sich gleich dieser bis in die Spitze des Organes fort. Stellen wir uns diese Längsmuskeln auch auf den Pharynxkammerstiel fortlaufend vor, wobei sie sich natürlich zwischen das Epithel dieses Abschnittes und seine Ringmuskelschicht einschieben

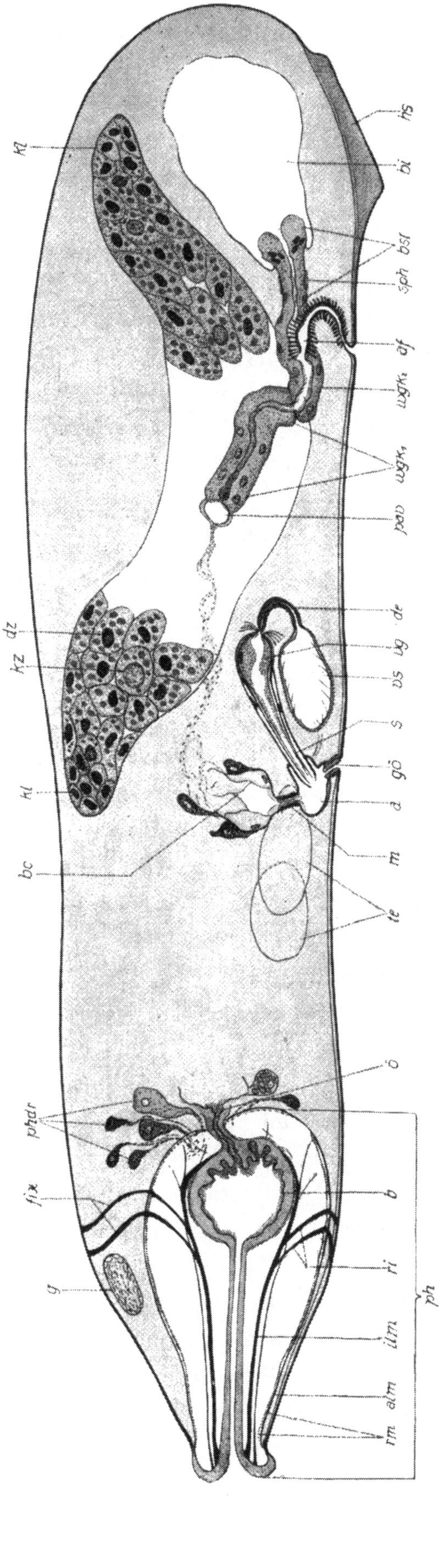

Fig. 8. *Gnosonesima antarctica*, Organisationsschema. (Das am Originalexemplar nach oben abgeknickte Vorderende wurde in natürlicher Lage gezeichnet). Es ist nur die Gonade der einen Seite eingetragen. *a* Antrum masculinum; *af* Antrum femininum; *alm* äußere Längsmuskeln des Pharynx; *b* Pharynxkammer; *bc* Bursa copulatrix; *bi* Bursa intestinalis; *bst* Bursastiel; *de* Ductus ejaculatorius; *dz* Dotterzellen; *fix* Pharynxfixatoren; *g* Gehirn; *gö* männliche Geschlechtsöffnung; *hs* Haftscheibe; *ilm* innere Pharynxlängsmuskeln; *kl* Keimlager der Germovitellarien; *kz* Keimzelle; *m* Bursamundstück; *ö* Oesophagus; *pav* Pavillon; *ph* Pharynx; *phdr* Pharyngealdrüsen; *ri* Radiärmuskeln; *rm* Ringmuskeln des Pharynx; *s* Stilettapparat; *sph* Bursasphinkter; *te* Hodenfollikel; *vg* Vesicula granulorum; *vs* Vesicula seminalis; $wgk_1$, $wgk_2$ Abschnitte des weiblichen Genitalkanals.

würden, dann hätten wir für den proximalen Teil des Schlundkopfes das Bild eines typischen Pharynx variabilis ohne Muskelschichtenwechsel (= „Pharynx variabilis intextus“ [Steinböck 1924, S. 239]) vor uns, wie er, allerdings ungleich muskelkräftiger, etwa den Prorhynchiden eignet. Das Bild kompliziert sich jedoch in etwas, insofern sich die Ringmuskeln des Pharynxkammerstieles über den Ansatz der inneren Längsmuskeln hinaus noch nach vorn über die ganze Fläche der Pharynxkammer fortsetzen, in diesem Abschnitt jedoch außerhalb der Längsmuskeln (zwischen diesen und der Kammerwandung) zu liegen kommen. Die sich distal an die Pharynxkammer anschließende Pharynxröhre entbehrt einer Ringmuskularis. Ich glaube, man wird nicht fehlgehen, wenn man diesen unerwarteten Muskelschichtenwechsel im Insertionsbereiche der inneren Längsmuskeln mit der Differenzierung der Pharynxkammer in Zusammenhang bringt. Durch letztere wurden die genannten Muskelzüge ersichtlich von dem die Pharynxröhre auskleidenden Pharynxepithel abgedrängt; die Ringmuskularis hingegen, die, frei im Bulbus ausgespannt, kaum funktionsfähig sein könnte, hat ihren Platz behauptet und sich noch enger an das Epithel angeschmiegt. Man wird mit gutem Rechte einwenden, daß ein solcher Vorgang bei der gegebenen Sachlage undenkbar ist, was ja auch sicher zutreffen würde, wenn man das „Behaupten der alten Position“ in diesem Falle wörtlich nehmen würde. Ich will damit nur ausdrücken, daß sich die Ringmuskeln einfach, trotz der verschobenen Anlage der Längsfasern am alten Orte aus dem embryonalen Bildungsmateriale differenziert haben dürften, eine Annahme, die bei Berücksichtigung der „ad-hoc Differenzierung“ in der Turbellarienontogenie wohl berechtigt erscheint. Im distalen Bereiche der Pharynxkammer zweigen von den inneren Längsmuskeln eine Reihe von Fasern ab, die schräg rückwärts nach außen ziehen. Wir werden dieselben als Radiärmuskeln (Fig. 8, *ri*) ansprechen können. Sie setzen sich, wie an einigen Stellen deutlich zu erkennen ist, über die Pharynxoberfläche hinaus fort, um sich als Fixatoren (Fix) bzw. Protraktoren des Schlundkopfes am Körperintegumente anzuheften. Also auch ein Verhalten, das sehr an dasjenige bei den *Prorhynchidae* erinnert. Der Binnenraum des Pharyngealkörpers enthält spärliches Mesenchym, sowie die Ausführwege der Pharynxdrüsen, die in mehreren Sorten, durchwegs erytrophiler Natur, die Schlundkopfbasis umkränzen. Mehr zu sagen verbietet der mangelhafte Erhaltungszustand. Das Pharynxepithel ist im vorderen, röhrenförmigen Abschnitt des Pharynxlumens niedrig, kern- und strukturlos, sowie ohne jede Andeutung von Wimpern. Im Bereiche der Mundöffnung wird es höher, setzt sich jedoch anscheinend — das Vorderende des vorliegenden Objektes ist ziemlich defekt — scharf gegen das Körperintegument ab. In der Pharynxkammer gewinnt das Epithel an Höhe und ist mit einem dichten Besatze ansehnlicher Cilien ausgestattet, die speziell an der Hinterwand der Kammer, wo reichliche Faltenbildung festzustellen ist, zu förmlichen Büscheln zusammentreten. Im Kammerstiel ist das Epithel wieder niedriger bei gleichbleibender Bewimperung und verliert sich außerhalb des Schlundkopfes am Ende des Oesophagus allmählich im Darmplasmodium. Die Bewimperung erstreckt sich noch über den ganzen Oesophagus. Ob dieser Oesophagus, Hofsten (1918, S. 19) folgend, als echter oder als Pseudooesophagus aufzufassen ist, kann nicht entschieden werden; ich glaube in ihm ein Homologon für beide genannten Abschnitte zu erblicken. Der Darm ist ausgesprochen plasmodial, den Darmmund umkränzen einige Körnerkolben. Eine Abgrenzung zwischen Darm und Mesenchym sucht man vergebens, wahrscheinlich liegt überhaupt ein einheitliches acoeloides „Paremchym“ vor. — Vom Exkretionsapparat ist nichts aufzufinden. — Das Nervensystem besteht aus einem relativ ganglienzellenarmen, kleinen Gehirn und mindestens drei Paar Längsnervenstämme, die sich bis ins Vorderende hinein fortsetzen. Das Gehirn (Fig. 8, g) liegt dorsal vom Pharynx, knapp hinter dessen Mitte. Es fällt die reiche Vaskularisierung des Neuropils auf. Von den seitlichen Partien des querovalen Hirns gehen Nervenbündel nach vorn ab, die als Sinnesnerven aufzufassen sind. Vereinzelte Ganglienzellen begleiten sie, wie es scheint. Die Verbindung zwischen den Längsnerven und dem Gehirn erfolgt auch ventral, soweit ersichtlich, mittels einfacher Wurzeln.

Von Sinnesorganen ist nichts wahrzunehmen; dieselben dürften sich auf einfache Tastborsten u. dgl. beschränken. Insonderheit ist nichts von Wimpergruben oder ähnlichen Bildungen zu bemerken, was mir für die Wertung dieser Organe bei den Prorhynchiden und deren frägwürdige Homologie mit denjenigen anderer Turbellarien von Interesse zu sein scheint. — Außerordentlich aufschlußreich ist der Geschlechtsapparat unseres Tieres; glücklicherweise hat er am wenigsten unter der Behandlung des Materiales gelitten, so daß alles Wesentliche, bis auf einen einzigen Punkt, mit Sicherheit erkannt werden kann. Der männliche Apparat besteht aus den Keimdrüsen, die uns in Form einiger weniger Hodenfollikel (Fig. 8, *te*) (links 1, ? 2; rechts 2), den kurzen Vasa deferentia und einem stilettbewehrten Kopulationsorgan, das sich im einzelnen außerordentlich eng an die Verhältnisse bei den übrigen Lecithoepitheliaten anschließt. Die Hoden sind zu schlecht erhalten, um nähere Aufschlüsse zu erteilen; die in ihnen gebildeten Spermien sind ziemlich gedrungen gestaltet. Die Hauptphase männlicher Reife scheint schon überschritten zu sein. Eine recht ansehnliche, deutlich muskulöse Samenblase (Fig. 8, *vs*) nimmt die Vasa deferentia auf. Ihre Innenwandung ist mit einem schütteren Besatz langer Cilien ausgestattet. Das ganze Organ liegt schräg quergestellt, so daß es in dem Schema Fig. 8 durch die Projektion stark verkürzt erscheint. Dem distalen Ende dieser Vesicula seminalis, die als echte äußere Samenblase im Sinne Graffs (1904—08, S. 2221. Vgl. auch Reisinger 1923, S. 9) zu bezeichnen ist, entspringt ein gebogener, stark muskulöser Ductus ejaculatorius (Fig. 8, *de*), der sich in den Bulbus des Sekretbehälters (Fig. 58, *vg*) öffnet. Letzterem, dessen Wandung kräftige Spiralmuskelbänder bilden, sitzt der Stilettapparat direkt auf. Wie bei den Prorhynchiden umgibt das eigentlich zentral gelegene Stilett eine zwiefache Scheidenrüstung, die jedoch hier des bei den Prorhynchen so hochkomplizierten Bewegungsmuskelsystems vollständig entbehren. Die beiden Scheiden, deren Wandung aus dünneren und dickeren Längsstreifen gebildet zu sein scheint (die Kutikularstäbe und Verbindungslamellen bei *Prorhynchus*!) ragen zusammen mit dem von ihnen eingeschlossenen eigentlichen Stilett in das Antrum masculinum (Fig. 8, *a*) vor. Die Wandung des mit einer terminalen Öffnung versehenen Stiletts (Fig. 8, *s*) ist homogen, strukturlos. Den Stilettscheiden finde ich mehreren Ortes flache Kerne mit Plasmaresten anhaften, wohl Reste der Matrix dieser Kulikularbildungen. Die Kornsekretdrüsen ergießen ihr Sekret, eine erythrophile, feinkörnige Masse, am proximalen Pole der Vesicula granulorum in diese, wo es in größeren Ansammlungen dem kernführenden Innenepithel anliegt. Der ganze Stilettapparat liegt streng median, mit der freien Spitze nach vorn gerichtet und überlagert die unter ihm befindliche Samenblase. Das Antrum masculinum ist klein und bietet abgesehen von der dorsalen Einmündung einer sonderbaren Bursabildung (*bc*), die im Zusammenhange mit dem weiblichen Apparat geschildert werden soll, nichts Bemerkenswertes. Ein kurzer, von Ringmuskeln umzogener, hochwandiger Gang geleitet vom Antrum zur Geschlechtsöffnung (Fig. 8, *gö*). Alles in allem nimmt der männliche Geschlechtsapparat von *Gnosonesima antarctica*, abgesehen von seiner für einen Lecithoepitheliaten weit caudalen Lage eine Mittelstellung zwischen dem einfacheren von *Hofstenia atroviridis* BOCK (BOCK, 1923, S. 29 ff.) und dem hochdifferenzierten von *Prorhynchus*, (STEINEÖCK-REISINGER 1924, S. 446, 447) ein. Funktionell unterscheidet sich das Organ jedoch von denen der genannten beiden Gattungen, da nicht daran zu zweifeln ist, daß die hypodermale Imprägnation, die für diese angenommen werden muß, bei *Gnosonesima* durch normale, wahrscheinlich wechselseitige Begattung ersetzt wird. Die Bursabildungen bei unserer Form lassen wenigstens keine andere Deutung zu. Die Dimensionen des *Gnosonesima*-Kopulationsorganes mögen endlich einige Zahlen erläutern: Durchmesser der Vesicula seminalis: im Mittel 30 $\mu$; Länge der Vesicula granulorum: 35 $\mu$, Länge der Stilettscheiden: 97 $\mu$, des Stilettes: 92 $\mu$; Stilettdurchmesser an der Basis (Anheftungsstelle): 18 $\mu$; Dicke der äußeren Scheide: 1.2 $\mu$ und ca. 0.8 $\mu$: Dicke der inneren Scheide: ca. 0,6—0.8 $\mu$, Dicke des Stilettes: ca. 1 $\mu$.

Der weibliche Geschlechtsapparat von *Gnosonesima antarctica* besteht aus den paarigen Gonaden, deren größtenteils unpaaren Ausführwegen und den Hilfsorganen, die uns in Form einer durch einen Gang mit dem Antrum femininum in Verbindung stehenden sehr großen Bursa sowie eines zweiten bursaähnlichen Organs entgegen treten, welch letzteres aber dem männlichen Antrum aufsitzt.

Die Gonaden sind ein Mitteldding zwischen Germovitellarien und Ovarien insofern es zwar bereits zu einer Sonderung in Keim- und Dotterzellen und damit zur Bildung ektolecithaler Eier gekommen ist, diese Sonderung jedoch sich fast nur in den Kernstrukturen und damit der künftigen Bedeutung der genannten Zellformen, nicht jedoch in deren übereinstimmender Versorgung mit Dotter- und Schalensubstanz ausprägt. Die Gonaden sind paarig und jede Einzelgonade zweiteilig, so daß man recht wohl auch von vier Einzelgonaden sprechen könnte (vgl. auch Fig. 10, *C*), deren je zwei gleichsinnig ausgerichtet sind. Die 4 Keimlager liegen in den entsprechenden blinden Enden der Gonadenschläuche und bestehen aus durchwegs noch undifferenziertem Zellmaterial. Oviductwärts jedoch prägt sich sehr bald mit dem Anwachsen der Zellen die so bezeichnende follikelähnliche Anordnung der Lecithoepitheliatengonade aus, wie sie uns etwa bei *Geocentrophora* und *Prorhynchus* in schönster Entfaltung vor Augen tritt. Jeder ausgebildete Follikel besteht aus einer Anzahl von Zellen, deren zentral gelegene sich durch ihren auffallend schwach färbbaren, gewaltig vergrößerten (bis ca. 35 $\mu$ gegen 18 $\mu$ d. Dottzellenkerne) Kern (Fig. 9, ***kzn***) als Keimzelle ausweist. Keim- wie Dotterzellen beherbergen Dottermaterial in Form stark färbbarer Dotterplättchen (*do*) und Schalenmaterial, welches hier in Gestalt feinster, kaum gefärbter Tröpfchen die Zwischenräume zwischen den Dotterschollen in reichem Maße erfüllt. Quantitativ besteht ebensowenig wie qualitativ ein Unterschied in der Dotter- und Schalensubstanz-Führung der Keim- und Dotterzellen. Jedenfalls ein ungemein ursprüngliches Verhalten, welches die Natur der Dotterzellen als abortive Geschlechtszellen so recht drastisch vor Augen führt. Auch hinsichtlich der Größe besteht kein nennenswerter Unterschied zwischen beiden Zellsorten, solange die Keimzellenkerne noch bescheidenere Dimensionen einhalten. Erst in den fast legereifen Follikeln führt die beträchtliche Schwellung der Keimzellenkerne zu einer entsprechenden Dehnung des umgebenden Cytoplasmas, so daß die Keimzellen auf diesen Stadien ihre nicht entwicklungsfähigen Genossinnen an Größe überragen. Die Gonaden sind von einer äußerst zarten Membran umhüllt, die einzelne flache Kerne trägt. Dort, wo die distalen Enden der Gonaden jeder Seite zusammentreffen — oder wenn man will: in der Mitte der jederseitigen Doppelgonade — entspringt jederseits ein kurzer Ovidukt, der sich an eine eigenartig erweiterte Partie des unpaaren, weiblichen Genitalkanals (Fig. 8, $wgk_1 + wgk_2$) anfügt. Der erwähnte Abschnitt, ich will ihn Pavillon (Fig. 8, *pav.*) nennen, dient zweifellos der Übernahme der Eifollikel und deren Weitergabe an den anschließenden, stark bewimperten Abschnitt des Genitalkanals. Strukturell fällt seine bedeutende Weite und die zwar dünne, aber anscheinend ziemlich feste Wandung sowie die mangelhafte Bewimperung auf. Kopfwärts schließt sich an den Pavillon ein nur streckenweise wahrnehmbarer, plasmatischer Strang, auf dessen mutmaßliche Bedeutung unten zurückzukommen sein wird. Der weibliche Genitalkanal entbehrt anscheinend einer Muscularis und läßt zwei Abschnitte unterscheiden, die durch eine Einschnürung mit eingelagertem, schwachem Sphinkter voneinander geschieden werden. In beiden Abschnitten bildet ein verhältnismäßig hohes Epithel (6—6,5 $\mu$) die Wandung, und beide sind von einem sehr auffallenden Besatz langer, zarter Cilien ausgekleidet. Die Lage letzterer am fixierten Objekt spricht für eine antrumwärts gerichtete Schlagrichtung. Der proximale Genitalkanalabschnitt (Fig. 8, $wgk_1$) ist sehr eng, seine Wandung birgt, besonders nahe dem Pavillon, auffallend zahlreiche Kerne. Distal von dem oben erwähnten Sphinkter gewinnt das Lumen an Ausdehnung (Fig. 8, $wgk_2$), die Kerne sind spärlicher und auch die Bewimperung wird etwas schütterer. Der Anschluß an das niedrigwandige, von Muskeln umzogene und drüsenbesetzte Antrum femininum (Fig. 8, *af.*) ist an dem vorliegenden Objekt nicht ganz klar einzusehen; er erfolgt jedenfalls ziemlich unvermittelt. In caudaler Richtung setzt sich der distale Abschnitt des weiblichen Genitalkanals ($wgk_2$) ohne die geringste histologische Änderung seiner Wandstruktur über das Antrum hinaus fort; er führt in die rückwärtige Bursa (*bi*) und mag darob Bursastiel genannt sein. Es kann jedoch nicht nachdrücklich genug darauf hingewiesen werden, daß weiblicher Genitalkanal und Bursastiel lediglich Abschnitte eines einzigen vom Pavillon bis in die Bursa ziehenden Ganges sind, dem das histologisch ganz anders beschaffene Antrum und dessen Ausführgang als etwas durchaus Heterogenes gegenüberstehen. Die Tatsache, daß der weibliche Genitalkanal seinem Bau nach keineswegs nach außen, sondern direkt in die Bursa führt, ist von ganz außerordentlichem Interesse, worauf ich bereits hier mit dem entsprechenden Nachdruck verweise. Das freie Ende des Bursastieles ragt mit trichterartig gewulstetem Rande in die Bursa vor; ein dichter Kranz von Kernen ist in diesem Bereiche nachzuweisen. Knapp vor dem Anschluß an die Bursa umgürtet den Bursastiel ein breites, vielfaseriges

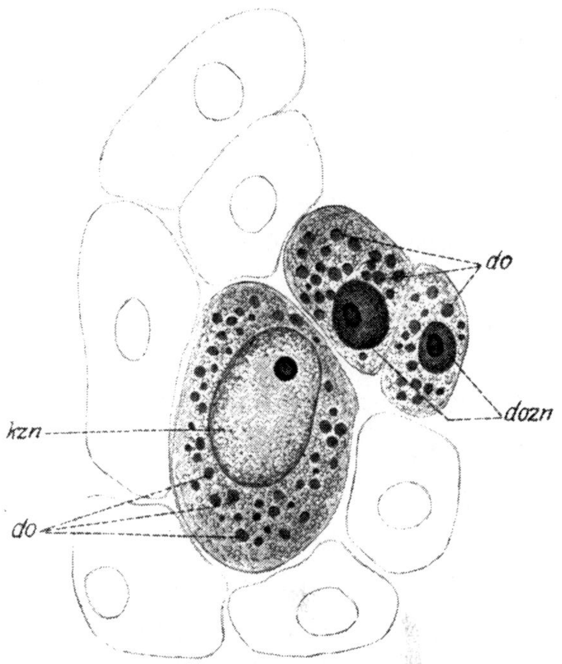

Fig. 9. *Gnosonesima antarctica.* Schnitt durch einen reifen Eifollikel, nur teilweise ausgeführt. Vergr. ca. 500 ×. do Dotterschollen dazwischen das feinkörnige Schalenmaterial; *dozn* Dotterzellenkerne; *kzn* Keimzellenkern.

Muskelband, ein Sphinkter (Fig. 8, *sph*), der den Zugang zur Bursa zu verschließen mag. Es macht ganz den Eindruck, als ob diesem Muskel vor allem die Aufgabe zukommen würde, den Eiern unseres Wurmes den Zugang in die Bursa zu versperren und sie so zu zwingen, durch Antrum und Genitalporus nach außen zu gelangen. Dem Spiele der vom Pavillon bis hinter den Bursasphinkter sich erstreckenden, bursawärts schlagenden Wimperbekleidung des Ganges überlassen, würden die Geschlechtsprodukte wohl zweifellos direkt in die Bursa getrieben werden. — Das Antrum und der enge Gang zur Geschlechtsöffnung sind niederwandig, muskulös, cilienfrei und nehmen allenthalben die Ausführgänge zahlreicher Schalendrüsen auf.

Die rückwärtige Bursa, ich will sie, der Grund hierfür ergibt sich aus dem Folgenden, Bursa intestinalis nennen, entbehrt einer eigenen Wandung und stellt, unvoreingenommen betrachtet, nichts anderes als einen schärfer begrenzten, permanenten Hohlraum im verdauenden Plasmodium dar, so eine Art stabiler Verdauungsvakuole, die in den Dienst der Aufbewahrung und wohl auch der Resorption der in ihr zahlreich vorhandenen Spermien getreten ist. Diese Darmbursa reiht sich mithin zwanglos all den mannigfachen Bildungen an, die uns bei den verschiedensten Formen als Aufbewahrungs- und Resorptionsbehälter für überschüssige, anläßlich der Kopulation übertragene, männliche Geschlechtsprodukte entgegentreten, wie wir sie in der Endblase der *Porrocystis*-Bursa auch bereits in dieser Arbeit kennengelernt haben. Wir haben also in *Gnosonesima* ein Tier vor uns, dessen histologisch einheitlich differenzierter weiblicher Genitalkanal geradewegs in einen Teil des verdauenden Plasmodiums, in den „Darm i. w. S." führt. Der Ausführgang für die Genitalprodukte fügt sich diesem Genito-intestinal-Kanal als ein geweblich durchaus fremdes Glied an.

Dem weiblichen Genitalapparat ist außerdem noch eine zweite Bursabildung zuzurechnen, die in das männliche Antrum, rostral vom Eintritt des Penis, mündet.

Diese Bursa (Fig. 8, *b*), funktionell zweifellos eine Bursa copulatrix, hat strukturell eine weitgehende Ähnlichkeit mit den präpenialen Bursen der Monocelididen, mit denen ich sie direkt vergleichen kann. Ein eigentümlich gestaltetes Mundstück (Fig. 8, *m*) — ein kurzes, innen bewimpertes, von Ringmuskeln umgürtetes Röhrchen [illegible] geleitet in das Organ (*bc*), das aus großen, blasigen und teilweise vakuolisierten Zellen besteht und dessen Außenfläche mehrere erythrophile Drüsenzellen anliegen. Am oberen Pole, wo eine scharfe Abgrenzung des Bursagewebes gegen den „Darm" vermißt wird, nimmt ein eigentümlicher, infolge des mangelhaften Konservierungszustandes schwer verfolgbarer plasmatischer Strang seinen Ausgang, der sich bis zum Pavillon hinzuziehen scheint. Die Natur dieser Bildung ist so ziemlich das Einzige, das sich nicht mit Sicherheit an dem vorliegenden Objekt einsehen ließ, sodaß hier Deutung helfend eingreifen muß.

Nach allem, was wir bisher von der Morphologie der Turbellarien wissen, scheint es keinem Zweifel zu unterliegen, daß dieser Strang als ein Ductus spermaticus auszulegen ist. Die Bedeutung der vorderen Bursa wäre sonst nicht einzusehen. Dieses Organ müßte zu einem undeutbaren Anhangsgebilde werden, dessen Ähnlichkeit mit den erwähnten Monocelididen-Bursen uns überdies ein neues Rätsel aufgeben würde. Die hier beigezogenen Gründe scheinen zu genügen, die Existenz des erwähnten Ductus spermaticus als hinreichend gesichert zu betrachten. — Die systematische Stellung von *Gnosonesima antarctica* ist schon allein auf Grund des Baues der Gonaden gegeben. Es handelt sich um einen typischen Vertreter der *Lecithoepitheliata*, um eine

Form, die in manchem eine Mittelstellung zwischen den *Hofsteniidae* und *Prorhynchidae* einnimmt, dabei jedoch zweifellose Beziehungen zu den übrigen Allöcölen und, was noch wichtiger, auch zu den Rhabdocölen erkennen läßt, die Grenze zwischen den einzelnen Turbellarienordnungen so immer mehr und mehr verwischend. Anschließend daran gestattet unsere Form jedoch noch weitere Ausblicke, die gerade für das Verständnis der allerwichtigsten morphologischen Fragen von eminentester Bedeutung sind.

## Gnosonesima antarctica — der Schlüssel für das Verständnis der lecithophoren Turbellariengonade.

Die weiblichen Gonaden der Turbellarien, ja überhaupt aller Plathelminthen, mag es sich dabei nun um Ovarien oder aber um Germovitellarien oder Germarien + Vitellarien handeln, lassen sich ganz allgemein auf zwei Erscheinungsformen zurückführen, die in jeder gegebenen Gruppe gleichzeitig nebeneinander verwirklicht sein können, nämlich auf den polymeren und den oligomeren Typ. „Polymer" nenne ich die Geschlechtsdrüsen dann, wenn zahlreiche, voneinander genetisch unabhängige Keimzentren oder Keimzonen vorhanden sind, „oligomer" dann, wenn deren Zahl höchstens vier beträgt. Zwischen diesen beiden Erscheinungsformen gibt es Übergangsstadien, die man vielleicht als den diffusen Typ bezeichnen könnte. Ausgesprochen polymer sind beispielsweise die weiblichen Gonaden der Polycladen, ausgesprochen oligomer diejenigen der *Microstomidae*. — Die oligomere weibliche Gonade, nur diese interessiert uns hier zunächst, läßt sich auf ein einfaches, ideelles Grundschema, auf das tetramere Ovar (Fig. 10, *A*.) zurückführen. Diese Gonadenform, die ich keineswegs als Urform, als einmal Gewesenes aufgefaßt wissen will, bringt uns den rein abstrakten Typus zur Anschauung, der jeder oligomeren Turbellariengonade zugrundegelegt werden kann. Möglich, daß derselbe einmal irgendwann und irgendwo verwirklicht war, ist oder sein wird. Ein einfacher Schritt, Wegfall des caudalen Eiröhrenpaares, führt uns zu einem dimeren Typ, wie er in der Tat bei der überwiegenden Mehrzahl der *Acoela* und den diesen eng anzuschließenden *Microstomidae* restlos verwirklicht ist. Hand in Hand damit muß, wenn die gegebene Körperlänge einigermaßen von den Ovarien ausgenutzt werden soll, eine Verschiebung des Vaginalapparates und, falls ein solcher vorhanden, des Genitalporus schwanzwärts erfolgen, eine Forderung, der die tatsächlichen Verhältnisse bei den genannten Turbellarien voll entsprechen. Dimere Ovarien, die einem Wegfall des vorderen Eiröhrenpaares zu danken wären, kennen wir vorläufig noch nicht.

Vollzieht sich am tetrameren Ovar eine Differenzierung in der Weise, daß im vorderen Tubenpaar nur abortive, nährstoffreiche, im rückwärtigen jedoch nährstoffarme, entwicklungsfähige Zellen ausgebildet werden, dann haben wir bereits eine Gonadenform vor uns, wie sie den primitivsten lecithophoren Rhabdocölen zu eigen ist. Bei Gonaden dieser Art werden stets mehrere Abortivzellen je einer Keimzelle beigegeben, die Eier sind zusammengesetzt. Stets ist im primitiven Rhabdocölen-Germovitellar der tetramere Aufbau deutlich ausgesprochen, wie die endständige Lage der 4 Keimlager zeigt. Allerdings erleidet das vordere Dimer, die dotterbereitenden Abschnitte des Germovitellars bzw. die Dotterstöcke, sehr bald eine funktionelle Differenzierung, die sich darin ausprägt, daß die in den jungen Röhren meist noch deutlich endständigen Keimzonen sich über den ganzen Dotterstockstubus nach vorn ausbreiten. Ist die ursprünglich endständige Lage der Keimzone in diesem Abschnitt also meist sekundär verloren gegangen oder verwischt, so hat sie sich bei den funktionell anders beanspruchten Keimzellenlappen fast aller Rhabdocölen restlos erhalten. Selbst bei vollständiger Trennung der Keim- und Dotterstöcke sowie nach Verlust des einen Germars, wie wir das am Gros der Süßwasser- und Landrhabdocölen beobachten können, wird dieser ursprüngliche Charakter gewahrt. — Es muß hervorgehoben werden, daß alle *Rhabdocoela*-Germovitellarien dem geschilderten tetrameren Aufbau folgen, es kann daher keine Rede davon sein, daß sich bei diesen Formen Dotterstöcke vorfinden, „die an ihrem distalen Ende in keimbereitende Abschnitte übergehen, welche sich in den Oviduct fortsetzen" (Graff, 1904—08, S. 2298). Bei allen von mir daraufhin angesehenen, mit Germovitellarien versehenen Rhabdocölen, also vor allem Vertretern

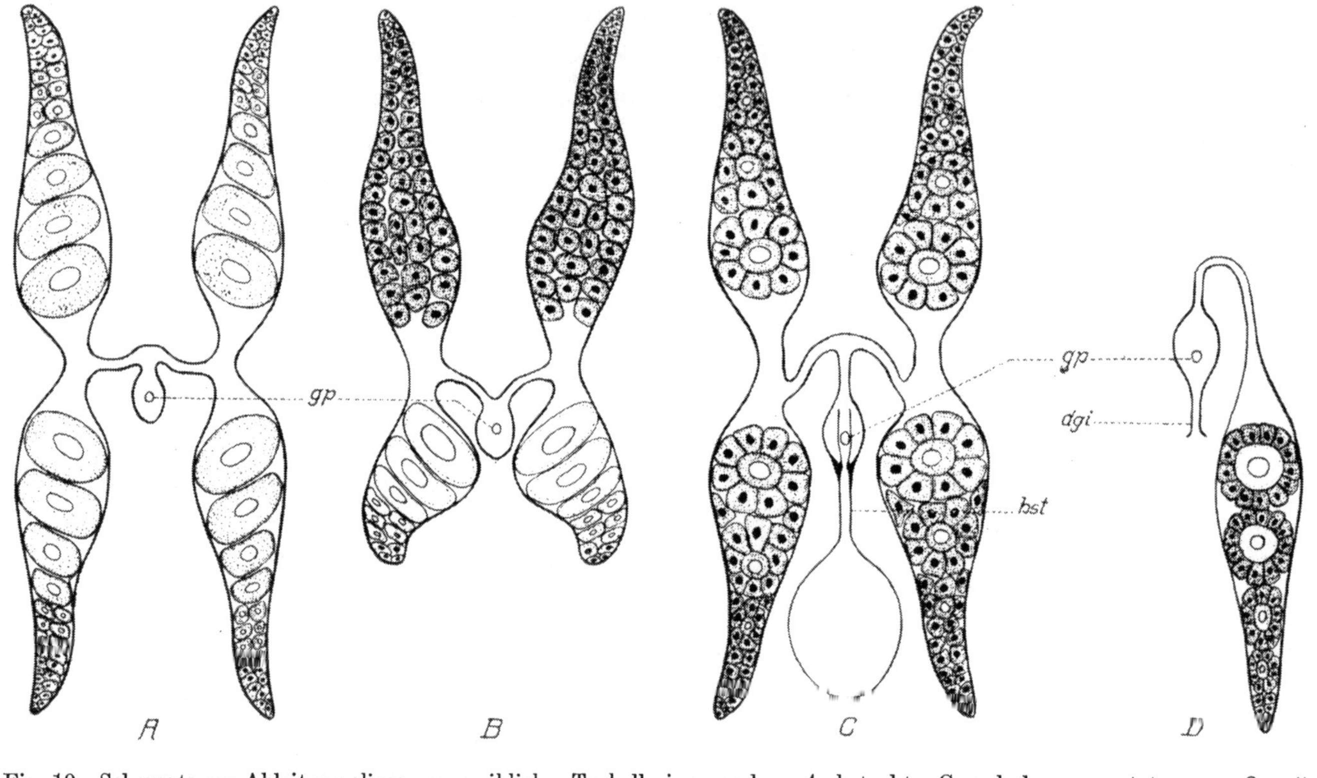


Fig. 10. Schemata zur Ableitung oligomerer weiblicher Turbellariengonaden. *A* abstraktes Grundschema — „tetrameres Ovar"; *B* Schema eines Rhabdocölen-Germovitellars (z. B. *Proxenetes*); *C* Schema der ♀ Gonaden und der Bursa intestinalis von *Gnosonesima antarctica*; *D* Schema des ♀ Geschlechtsapparates von *Prorhynchus*; *bst* Bursastiel; *dgi* der ihm homologe Ductus genito-intestinalis; *gp* Geschlechtsöffnung.

der *Trigonostomidae*, *Proxenetidae* und *Graffillidae*, entspringen die Ovidukte im Bereich des Zusammentreffens der dotter- und keimbereitenden Abschnitte, bei allen diesen Formen liegen typisch tetramere Gonaden vor. Die irrigen Angaben Graffs finden in der alleinigen Anwendung der Quetschmethode, die in solchen Fragen leicht zu Täuschungen Anlaß gibt, ihre Erklärung. — Was die Germovitellarien der cumulaten Allöocölen betrifft, so entsprechen auch diese, soweit sie nicht dem polymeren Gonadentyp zugehören, unserem Bilde, wie ein kurzer Blick auf das von mir beigebrachte Organisationsbild von *Hypotrichina* (1924, S. 140) lehrt.

Die Entwicklung der tetrameren Ovarien zu Germovitellarien kann jedoch noch in anderer Weise zustande kommen. Es braucht sich nämlich bloß innerhalb jeder einzelnen der 4 Eiröhren nebeneinander die Differenzierung in Keim- und Dotterzellen zu vollziehen und so jede Eiröhre in ein komplettes Germovitellar umzuwandeln. Da schon in den (dimeren) Ovarien der *Acoela* die deutliche Neigung besteht, einzelne Eier auf Kosten der sie unmittelbar umgebenden Schwestern heranwachsen zu lassen, letztere also zu Nähr- bzw. Follikelzellen zu degradieren, so kann es nicht wundernehmen, daß bei einer Reihe von Formen, eben den *Lecithoepitheliata*, die Differenzierung mit follikulärer Anordnung der Abortivzellen ihre tatsächliche Verwirklichung findet. Die Reihe führt hierbei von *Hofstenia atroviridis* BOCK mit noch ausschließlich entolecithalen Eiern über *Gnosonesima* zu den *Prorhynchidae* (*Prorhynchus* und *Geocentrophora*) mit ihren typisch ectolecithalen Eiern. *Gnosonesima* nimmt hierbei insofern eine beachtenswerte Zwischenstellung ein, als bei ihr zwar Abortivzellen den Keimzellen zur Bildung zusammengesetzter Eier mitgegeben werden, beide Zellsorten sich jedoch noch in gleicher Weise an der Nährstoffführung beteiligen. *Gnosonesima* bildet mithin zusammengesetzte, also ectolecithale Eier, die vermöge des Dotterreichtums der Keimzellen gleichzeitig entolecithal sind. Dem Gonadentypus nach bringt uns *Gnosonesima antarctica* die tetramere Keimdrüse in geradezu klassischer Form zur Anschauung. Ich bin geneigt, in dieser Ausbildungsform die primitive Gestalt der Lecithoepitheliatengonade zu sehen, was nicht ausschließt, daß *Hofstenia*, bei der sich die Keimzone ziemlich gleichmäßig über die ganze Ventralfläche der beiden lockeren Ovarialstreifen ausbreitet und bei der mithin der oben namhaft gemachte diffuse Übergangstyp zwischen typisch polymeren und typisch oligomeren Geschlechtsdrüsen verwirklicht scheint, in manchem noch ursprünglicher sein mag. Von der tetrameren Gonade der *Gnosonesima* leitet sich zwanglos das unpaare Germovitellar der Prorhynchiden durch Wegfall beider vorderen und einer rückwärtigen Eiröhre ab. Mit einem Schlage lüftet sich so der dunkle Schleier, der die Morphologie des Prorhynchen-Germovitellars und seines Ausführganges bisher verhüllte. Bei *Prorhynchus stagnalis* M. SCHULTZE und *Prorhynchus putealis* HASWELL (vgl. STEINBÖCK 1923) umgreift der von rückwärts kommende Ovidukt das Antrum, um von vorn in dieses zu münden. Überdies liegt das Germovitellar bei der einen dieser beiden Arten, bei *Pr. putealis*, auf der rechten Körperseite, also asymmetrisch! Diese Eigentümlichkeiten, durch welche die einseitige Ausbildung der Hodenfollikel causal begründet erscheint und die ausgerechnet die ihrer übrigen Organisation nach primitivsten Formen unter den *Prorhynchidae* auszeichnet, spottete bisher jedem Erklärungsversuch. Ein Blick auf die beiden Schemata Fig. 10, *C*, *D*, welche sich auf *Gnosonesima antarctica* und *Prorhynchus* beziehen, zeigt, mit welch verblüffender Selbstverständlichkeit es so und nicht anders sein muß! — Ja noch mehr: Vom caudalen Ende des Antrum der genannten *Prorhynchus*-Arten entspringt ein nach hinten und oben ziehender Gang, der von STEINBÖCK entdeckte Ductus genito-intestinalis, welcher geradewegs in den Darm führt; und bei *Gnosonesima*? ..... setzt sich der weibliche Genitalkanal in gleicher Weise über das caudale Ende des Antrum hinaus fort, um ebenfalls in den Darm, nämlich in die von uns als permanente Verdauungsvakuole aufgefaßte Bursa intestinalis zu münden! (Vgl. Fig. 10, *C*, *D bst* und *dgi*.) Überzeugendere Belege für die unmittelbare Homologie der einzelnen Abschnitte sowie für die Richtigkeit der Ableitung des Prorhynchiden-Germovitellariums von der tetrameren *Gnosonesima*-Gonade kann man nicht fordern. Wenn man erwägt, daß die Prorhynchiden im Vergleiche mit *Gnosonesima* dünn und langgestreckt sind und wenn man sich daran erinnert, daß sich bei Süßwasser- und Landorganismen ihren marinen Verwandten gegenüber die Neigung ausprägt, die Eier mit immer bedeutenderen Nährstoffmengen auszustatten, sie dafür allerdings in geringerer Zahl zur Ablage zu bringen, dann erscheint die Umwandlung der Gonade von *Gnosonesima* in diejenige der Prorhynchiden wohl verständlich, um so mehr, als ja die so weitverbreitete Reduktion des einen Germariums bei den Süßwasser- und Landrhabdocölen zeigt, daß obige Regel auch den Turbellarien nicht fremd ist. Daß im übrigen diejenige *Prorhynchus*-Art, die vermöge ihrer asymmetrischen Gonadenlage noch am klarsten den betrachteten Abteilungsprozeß erkennen läßt — *Prorhynchus putealis* Haswell —, ausgerechnet ein Neuseeländer ist, sollte das nicht mehr als ein bloßer Zufall sein?

Ich habe oben zu zeigen gesucht, wie man die Germovitellarien der Rhabdocölen und der Allöocölen mit oligomeren weiblichen Keimdrüsen (damit natürlich in weiterem die Germarien + Vitellarien höherer Turbellarien, der Trematoden und Cestoden) leicht von einem abstrakten Grundtyp, dem tetrameren Ovar ableiten kann. Eine kurze Überlegung lehrt, daß ebensogut ein tetrameres Germovitellar von folliculärem Aufbau, wie es bei *Gnosonesima* vorliegt, zum Ausgang genommen

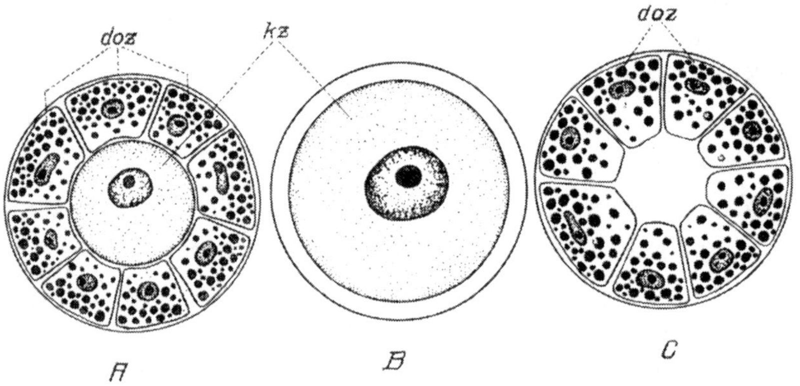


Fig. 11. Schematische, auf gleiche Höhe gebrachte Querschnitte durch: *A* eine *Lecithoepitheliata*-Eiröhre, *B* einen *Rhabdocoela*-Keimstock, *C* einen *Rhabdocoela*-Dotterstock. *doz* Dotterzellen, *kz* Keimzellen.

werden kann. Man braucht sich lediglich vorzustellen, daß in den beiden rostralen Eiröhren die Bildung der Keimzellen, in den caudalen diejenige der Dotterzellen auf Kosten ihrer Partner unterdrückt wurde. Es stehen sich also da zwei Möglichkeiten gegenüber, deren jede ihr Für und Wider besitzt. Spricht für eine Ableitung vom tetrameren Ovar die Vermeidung sonst anzunehmender Reduktionsprozesse (Ausfall von Zellkategorien), so vermag andererseits diejenige, die von der *Gnosonesima*-Keimdrüse ausgeht, darauf zu pochen, sie stütze sich auf real Vorhandenes. Ohne eine „Entscheidung" treffen zu wollen, begnüge ich mich damit, diejenigen weiteren Gründe anzuführen, die uns bestimmen, der zweitgenannten Ableitung vorläufig den Vorzug zu geben.

Keim- und dotterbereitende Abschnitte der Rhabdocölen-Germovitellarien unterscheiden sich strukturell im wesentlichen dadurch voneinander, daß die älteren Zellen in ersteren in weitaus den meisten Fällen eine deutlich ausgeprägte, einreihige Anordnung aufweisen, was für letztere nicht zutrifft. Die Dotterstöcke zeigen überdies auf jungen Stadien bisweilen das Auftreten eines zentralen Lumens (Graff, 1904—08, S. 2312) und lassen sich, auch wenn dieses unterdrückt wird, fast immer zwanglos auf das Grundschema eines einfachen Schlauches mit wandständig angeordneten Dotterzellen zurückführen. Diese Befunde nun stehen in schönstem Einklange mit einer Ableitung des *Rhabdocoela*-Germovitellariums von der tetrameren *Gnosonesima*-Gonade. Zur besseren

Veranschaulichung dessen diene Fig. 11 die stark schematisierte, auf gleiche Größe gebrachte Querschnitte durch eine *Lecithoepitheliata*-Eiröhre *A*, einen *Rhabdocoela*-Keimstock *B* und einen *Rhabdocoela*-Dotterstock *C* darstellt. Daß *B* und *C* durch wechselweise Unterdrückung eines Anteiles aus *A* entstehen können, ist einleuchtend, wie ich glaube. Die Umwandlung des hinteren Dimers der tetrameren *Lecithoepitheliata*-Gonade muß zu einer gleichzeitigen Verkürzung seiner Tuben führen, sollen die Keime nach Schwund der Abortivzellen nicht durch große Zwischenräume voneinander getrennt, vereinzelt in ihnen liegen. Die tatsächlichen Verhältnisse stimmen damit überein. — Bei den recht ursprünglichen Trigonostomiden beginnt nach J. MEIXNER (1924, S. 5) „die Bildung des zusammengesetzten Eies nach Beobachtungen an *Trigonostomum setigerum*, *penicillatum* und *breitfussi* beiderseits in der jeweils hintersten, den reifen Keimzellen des Germarabschnittes sich anschließenden Vitellarpartie, indem sich nacheinander ..... Keimzellen ablösen und hintereinander in die Vitellarpartie gleiten oder geschoben werden. ..... Voraussichtlich trennt sich in der Folge das ganze, die Keimzellen enthaltende Stück des Vitellarabschnittes los und gelangt ins Atrium". — Die losgetrennten Stücke erinnern mitunter, wie ich an pontischem Material sehe, an die reifen Follikel einer Lecithoepitheliaten-Gonade. Und ähnliches konnte ich von einem allöocölen Turbellar, der cumulaten *Hypotrichina tergestina* CUL., berichten. (REISINGER, 1924, S. 140). Auch hier gleiten die freigewordenen Keimzellen „einzeln nach vorn in den Dotterzellen bildenden Abschnitt der Germovitellarien", wo sie von den Dotterzellen allseitig umgeben werden. Letztere ordnen sich hierbei „oft ziemlich regelmäßig nach Art eines Follikels" an. Ich glaube, diese Befunde sprechen entschieden für einen genetischen Zusammenhang zwischen den Gonaden der genannten Formen und denjenigen tetramerer *Lecithoepitheliata*, und es erscheint vorläufig recht wohl begründet, darob der von der *Gnosonesima*-Keimdrüse ausgehenden Ableitung des Rhabdocölen- und Cumulaten-Germovitellars vor anderen Versuchen den Vorzug zu geben.

*Gnosonesima antarctica* hat uns so zuerst zu dem abstrakten Grundtyp der Turbellariengonade geführt, sie hat uns die tetramere Grundform aller oligomeren weiblichen Strudelwurmkeimdrüsen erkennen gelehrt, und noch mehr, sie führt uns gleichzeitig einen Gonadentyp vor Augen, von dem wir mit gutem Grunde annehmen können, er habe den Ausgang für die Entstehung aller oligomeren, lecithophoren weiblichen Plathelminthengonaden abgegeben.

## Gnosonesima antarctica und das Ductus genito-intestinalis Problem.

Zweifellos eine der geistreichsten Ideen auf dem Gebiete der Turbellarienkunde wurde von STEINBÖCK (1924 a) gelegentlich seiner Untersuchungen über die morphologische Natur der Geschlechtstrakt-Darmverbindung dieser Würmer entwickelt. Nach ihm haben wir in diesen Bildungen, mag es sich nun um eine einfache Communicatio oder aber um einen wohldifferenzierten Ductus genito-intestinalis handeln, die ursprünglichen Gonoducte dieser Formen vor uns. Die Eiablage erfolgte, wie heute noch bei den *Acoela* und *Hofstenia* (abgesehen natürlich von den weit abstehenden *Notandropora*) durch das verdauende Plasmodium bzw. den Darm und die Mundöffnung. ST. bringt eine ganze Reihe scharfsinnig ausgedeuteter Belege für seine Ansicht bei, wobei er sich vornehmlich auf die Morphologie metamerater Allöocöler stützt. Die Grundanschauungen wurden jedoch nicht an dieser Tiergruppe gewonnen, diese gehen vielmehr auf die Prorhynchidenstudien desselben Autors zurück (vgl. STEINBÖCK, 1925 a u. b), und damit gewinnt die Angelegenheit bezüglich *Gnosonesima* noch mehr an Interesse. — Wie oben schon nachdrücklichst bemerkt wurde, führt bei *Gnosonesima antarctica* der vom Pavillon kommende weibliche Genitalkanal geradewegs in den Darm bzw. in die als stabile Darmhöhlung aufzufassende Bursa intestinalis. Der morphologische Befund liegt in diesem Falle vermöge der gänzlich abweichenden Histologie des ♀ Antrum und seines Ausführweges so außerordentlich klar, daß der Fall eben als Tatsache hinzunehmen ist. Ja der Weg in den Darm ist für die Eier vermutlich sogar noch so leicht gangbar, daß ein breiter Sphinkter deren unerwünschten Eintritt hintanzuhalten hat. Antrum und Ausführung sind etwas gleichsam Nebensächliches, ersichtlich Sekundäres.

Der Ductus genito-intestinalis der Prorhynchiden, der STEINBÖCK auf die Lösung des Problems geführt hat, ist, wie oben gezeigt wurde, mit dem Bursastiel, d. h. dem in den Darm führenden Teil des weiblichen Genitalkanals, unmittelbar zu homologisieren, oder mit anderen Worten: der Ductus genito-intestinalis erweist sich tatsächlich, entsprechend der Theorie, als weiblicher Genitalkanal. — Ich behaupte, in diesem Faktum kann man einen bündigen Beweis dafür erblicken, daß STEINBÖCKS Folgerungen mehr als eine bloße Arbeitshypothese sind, daß sie den Kern des Problems durchaus erfaßt haben. In keinem der von ihm beigebrachten Fälle liegen die Verhältnisse jedoch so unzweideutig wie bei *Gnosonesima* — *Prorhynchus*. *Gnosonesima antarctica* ist mithin die erste bis heute bekannt gewordene Turbellarie, bei welcher der morphologisch unzweideutig differenzierte weibliche Genitalkanal nicht nach außen, sondern in den Darm führt. Wenn man bedenkt, daß diese antarktische Form auch in ihrem Keimdrüsenbau einen wichtigen Grundtyp getreu widerspiegelt, dann wird man erst die Bedeutung dieses Fundes für die vergleichende Morphologie der Plathelminthen voll würdigen können.

## Gnosonesima antarctica und die Bursafrage.

Das Problem der morphologischen Wertung der einzelnen, als Bursae und Receptacula bezeichneten Anhangsgebilde am Plathelminthengeschlechtsapparat ist derzeit noch kaum restlos zu lösen. Weitere Funde scheinen nötig, neues Tatsachenmaterial dem bestehenden beizufügen. Was sich derzeit hinsichtlich der beiden *Gnosonesima*-Bursen aussagen läßt, ist kurz folgendes: Die Bursa intestinalis[4]) unseres Wurmes ist unbedingt mit dem entsprechenden Organ der *Metamerata* zu homologisieren. In weiterem vermutlich auch mit der LANGschen Blase der Polykladen, den Bursa-Endblasen der Kalyptorhynchier, der „Vesicula resorbiens“ der Temnocephalen sowie dem Großteil der Receptacula seminis der übrigen Rhabdocölen, die bei einigen Formen, wie den mit „Nebenblasen“ ausgestatteten *Olisthanellini*, noch deutlich ihre resorbierende Fähigkeit bewahrt haben.

Die vordere Bursa der *Gnosonesima* führe ich unmittelbar auf die präpenialen Bursen der Acölen zurück. Ihr sind ferner die präpenialen Monocelididenbursen und die paarigen „Uteri“ der Bdelluren sowie vielleicht auch derjenige von *Uteriporus* zu vergleichen. In dieser Hinsicht schließe ich mich jetzt also BÖHMIG (1906, S. 466) an und halte meine früher (1924, S 146) geäußerten Zweifel für unbegründet. Da die präpenialen Bursen stets mittels eines Ductus spermaticus

---

[4]) In diesem Falle — abweichend von den auch schon als „Bursae intestinales“ bezeichneten, eigenwandigen *Metamerata*-Bursen — eine echte Darmbursa!

(funktionell sind sie ja Bursae copulatrices) mit dem übrigen weiblichen Genitalapparat in Verbindung stehen, ist die Möglichkeit von Verschmelzungen mit der Bursa intestinalis gegeben, ein Umstand, dem bei weiteren Untersuchungen in der Bursafrage Beachtung gezollt werden mag.

### Gnosonesima antarctica und die systematische Stellung der Lecithoepitheliata.

Solange von den Lecithoepitheliaten bloß Vertreter der *Prorhynchidae* bekannt waren, mußten uns diese als ganz isoliert dastehende, ungemein abweichende Formen erscheinen, deren Anschluß an die übrigen Turbellarientypen noch keineswegs klar ersichtlich war. Mit der Entdeckung von *Hofstenia atroviridis* Bock (Bock, 1923) wurde ein neuer, „aberranter“ Typ in die Wissenschaft eingeführt, der darnach angetan war, einiges Licht auf die Beziehungen der sich ihm zweifellos anschließenden Prorhynchiden zu werfen. Steinböck (1924) konnte in der Organisation der *Hofstenia* tatsächlich Anklänge an die Polycladen- und besonders die Acölenanatomie nachweisen. — *Gnosonesima antarctica* ändert jedoch das Bild mit einem Schlage. Dort, wo man früher nach fernen Anknüpfungspunkten mühsam spähen mußte, dort leuchten jetzt helle morphologische Zeichen, die „aberrante“ Gruppe *Lecithoepitheliata* wird im Lichte der neuen Form urplötzlich zu einem Zentrum, um das sich alles andere reiht. Uns mag das ein neuer Fingerzeig dafür sein, daß uns alle sog. „aberranten Tierformen“ — sofern es sich dabei nicht um durch besonders spezialisierte Lebensumstände bedingte Abweichungen handelt (Parasitismus u. ä.) — nur so lange aberrant erscheinen, so lange wir den morphologischen Grundtyp der betreffenden Gruppe noch nicht erfaßt haben. — Die Beziehungen der *Lecithoepitheliata* zu den übrigen Allöocölen und den Rhabdocölen erscheinen uns jetzt bereits so eng, daß wir den morschen Bau des heutigen Turbellariensystems jeden Augenblick zusammenbrechen zu sehen wähnen. — Je umfangreicher das morphologische Material, desto unklarer wird die gegenseitige Abgrenzung der einzelnen Gruppen. Kann man doch heute bereits nicht mehr eindeutig sagen, was unter einem acölen, was unter einem rhabdocölen und was unter einem allöocölen Turbellar bei alter systematischer Umgrenzung dieser Ordnungen zu verstehen ist! Die Grenzen zwischen den einzelnen Turbellariengruppen erweisen sich so als Lücken in unserer Formenkenntnis, die mit deren Anwachsen mehr und mehr ausgefüllt werden. — Betreffs der Beziehung zwischen *Lecithoepitheliata* und *Rhabdocoela* (exkl. *Microstomidae*) sei zum Schlusse, die Befunde an der Gonade abrundend, noch hinzugefügt, daß eine Ableitung des Pharynx bulbosus der letzteren von einem Lecithoepitheliaten-Schlundkopf nicht nur möglich, sondern gegenüber der aus einem Pharynx plicatus, wie sie Graff vertritt, sogar mit Tatsachen gestützt werden kann. So entbehrt der Pharynx der meisten parasitischen Graffilliden einer Pharyngealtasche, ist also eigentlich ein Lecithoepitheliatenpharynx. Das gleiche gilt, was vielleicht noch wichtiger ist, für denjenigen von *Proxenetes flabellifer* Jensen. Demgegenüber muß der Pharynx variabilis der *Cumulata* von dem Pharynx plicatus abgeleitet werden.

Rückblickend schauen wir, wie uns *Gnosonesima antarctica* den Grundtyp der oligomeren Turbellariengonade, das tetramere Ovar erkennen lehrte und uns den Weg für eine entsprechende Erklärung gewisser Sonderheiten am Bau des Rhabdocölen-Germovitellariums wies; wir erkennen, wie uns dieses Tier zum ersten Mal morphologisch eindeutige Belege für die Genitalkanalnatur des Ductus genito-intestinalis auffinden ließ, und wir konnten uns endlich davon überzeugen, daß seine vielfältigen Organisationseigentümlichkeiten nebst anderem auch einen äußerst innigen Zusammenhang zwischen den Lecithoepitheliaten und anderen Turbellarien zum Ausdruck bringen. Dieses Tier ist in der Tat

*γνῶσις ὀνήσιμος!*

Sectio: **Cumulata,** Gens: **Combinata opisthoporata.**

## Fam.: **Cylindrostomidae.**

Combinata opisthoporata mit Pharynx plicatus.

In Anbetracht der von mir bereits gerügten (1924, S. 138) systematischen Verwirrung dieser Gruppe schicke ich Diagnosen der bis heute bekannten Gattungen voraus.

1. Gen.: *Cylindrostoma* (Örsted, 1845) Typus: *Cyl. elongatum* Levinsen (1879).
*Cylindrostomidae* ohne Vagina, ohne Bursa und ohne Ductus spermaticus.

Von bisher beschriebenen sicheren Arten gehören diesem Genus an:

*Cyl. elongatum* Levinsen [syn.: *Monoophorum elongatum* Gamble].

*Cyl. monotrochum* (Graff) [syn.: *Allostoma monotrochum* Graff].

*Cyl. cyprinae* (Graff) [syn.: *Acmostoma cyprinae* Graff, *Enterostoma mytili* Sabussow, *Urastoma fausseki* Dörler, *Urastoma cyprinae* (Graff)].

*Cyl. zooxanthella* (Graff) [syn.: *Enterostoma zooxanthella* Graff, *Enterostomum zooxanthella* Graff].

2. Gen.: *Allostoma* (Beneden, 1861) Typus: *Allostoma pallidum* Beneden (1861).
*Cylindrostomidae* mit Vagina externa, mit einer Bursa und paarigen Ductus spermatici.

Von bisher beschriebenen sicheren Arten gehören diesem Genus an:

*Allostoma pallidum* Bened. [syn.: *Vortex pallidus* Diesing].

*Allostoma fingalianum* (Claparède) [syn.: *Enterostomum fingalianum* Claparède, *Vortex fingalianus* Diesing, *Cylindrostomum fingalianum* Levinsen].

*Allostoma flavibacillum* (Jensen) [syn.: *Enterostomum flavibacillum* Jensen, *Cylindrostomum flavibacillum* Levinsen, *Enterostoma fl.* Graff].

3. Gen.: *Enterostomula*, nom. nov. Typus: *Enterostomula dura* (Fuhrmann) (1896).
*Cylindrostomidae* mit Vagina externa, mit einer Bursa und mit einem unpaaren Ductus spermaticus.

Von bisher beschriebenen sicheren Arten gehören diesem Genus an:

*Enterostomula dura* (Fuhrmann) [syn.: *Allostoma durum* Fuhrmann, *Monoophorum durum* Fuhrmann].

*Enterostomula graffi* (Beauchamp) [syn.: *Monoophorum graffi* Beauchamp].

4. Gen.: *Monoophorum* (Böhmig, 1890). Typus: *Monoophorum striatum* (Graff) (1878).
*Cylindrostomidae* mit Vagina atrialis, mit einer Bursa und mit einem unpaaren Ductus spermaticus.

Von bisher beschriebenen sicheren Arten gehört diesem Genus an:

*Monoophorum striatum* (Graff) [syn.: *Opistomum striatum* Graff, *Enterostoma striatum* Graff].

5. Gen.: *Hypotrichina* (CALANDRUCCIO, 1897). Typus: *Hypotrichina tergestina* CALANDRUCCIO (1897).

*Cylindrostomidae* mit paarigen Atrialvaginen, mit paarigen Bursen und paarigen Ductus spermatici.

Von bisher beschriebenen sicheren Arten gehören diesem Genus an:

*Hypotrichina tergestina* CALANDRUCCIO [syn.: *Genostoma tergestinum* DÖRLER].

*Hypotrichina marsiliensis* CALANDRUCCIO [syn.: *Genostoma marsiliense* DÖRLER].

(Die Zugehörigkeit der letztgenannten Form zu *Hypotrichina* ist noch nicht feststehend.)

Anhang: 6. Gen.: *Euxinia* (GRAFF, 1911). Typus: *Euxinia corniculata* GRAFF (1911).

*Cylindrostomidae* mit einem „Reusenorgan" in der unpaaren Vagina.

Bisher nur eine sehr mangelhaft bekannte Art: *Euxinia corniculata* GRAFF [syn.:]

Diese Liste erfährt durch die „Gauß"-Ausbeute eine Bereicherung um 2 *Cylindrostoma* und 1 *Monoophorum*-Spezies.

**Cylindrostoma vanhöffeni** n. sp.

2 Exemplare, Gauß-Station 7. 2. 1903, Twist 350 m.

Die konservierten Tiere, rund $^3/_4$ mm lang, farblos, bieten nichts Auffallendes. Das Gehirn mit den 4 schwarzen Augen, deren vorderes Paar, wie stets bei den Pseudostomiden und Cylindrostomiden, enger als das rückwärtige gestellt ist, sowie der zylindrische, auffallend weit vorn befindliche Pharynx sind unschwer wahrzunehmen. Bei dem ungünstigen Erhaltungszustand muß sich die Beschreibung auf das Wichtigste beschränken. Das nur stellenweise erhaltene Epithel enthält winzige dermale Rhabditen. Die Basalmembran ist derb. Soweit erkenntlich, ist diese Form relativ drüsenarm . Insbesondere späht man vergeblich nach den sonst fast allen Cumulaten eigenen cyanophilen Kopfdrüsen. Lediglich ein Bündel erythrophiler (Fig. 12, *edr*) ist an deren Stelle festzustellen. Das gleichzeitige Vorkommen cyanophiler und erythrophiler Frontaldrüsen bei *Pseudostomum* verbietet jedoch eine unmittelbare Homologisierung beider Drüsensorten. — Der Verdauungsapparat besteht aus einem sackförmigen, unregelmäßig gelappten Darm (Fig. 12, *da*) mit Eigenmuscularis und einem zylindrischen, nach rückwärts gerichteten Pharynx plicatus. Beide Abschnitte verbindet ein kurzer Oesophagus. Im Darmepithel finden sich einzelne Körnerkolben, eine Bewimperung desselben wird vermißt. Der Pharynx, wie bei allen Cylindrostomiden ein typischer Pharynx plicatus mit ungekreuzter Muskelschichtenfolge, inseriert annähernd in oder knapp vor der Körpermitte. Er hat die Form eines rund 120 $\mu$ langen und 40 $\mu$ breiten Rohres und ruht in einer dünnwandigen Pharyngealtasche. Die stets außen liegende Längsmuskulatur ist ziemlich schwach, die innere Ringmuskulatur sehr kräftig und mehrschichtig, die äußere nur sehr zart entwickelt, also Verhältnisse, die weitestgehend mit den Befunden HOFSTENS (1918, S. 17 ff.) an *Otoplana intermedia* DU PLESSIS übereinstimmen.

Die Radiärmuskeln sind spärlich und dünn. Die freie Pharynxoberfläche überkleidet sowohl innen als auch außen eine kernlose, epitheliale Deckschicht, welche, ausgenommen einen schmalen Ring am freien Pharynxende, allerorten mit kurzen, steifen Cilien besetzt ist. An dem wimperlosen Ring münden die Pharynxdrüsen aus, welche zum größten Teil außerhalb des Pharynx, in der Umgebung seiner Basis gelegen sind. Der zwischen den Drüsenausführgängen und den Muskeln befindliche Raum ist von Mesenchym erfüllt. Die Pharyngealtasche steht mittels eines kurzen Mundrohres mit dem Atrium genito-pharyngeale (Fig. 12, *agp*) in Verbindung. Die gemeinsame Mund-Geschlechtsöffnung befindet sich am Beginn des letzten Körperviertels.

Über den Exkretionsapparat erteilen die Präparate keine Auskunft.

Das Nervensystem besteht aus dem ziemlich ansehnlichen (ca. 70 $\mu$) Gehirn und den davon abgehenden Nerven. Es sind mindestens 3 Paare großer Längsnerven vorhanden, vielleicht auch mehr. Brauchbar erhalten ist nur das Gehirn (Fig. 12, *h*). Dieses zeigt den für die *Pseudostomidae* unter den *Combinata proporata*, fast alle *Combinata opisthoporata* und viele lithophore *Metamerata*

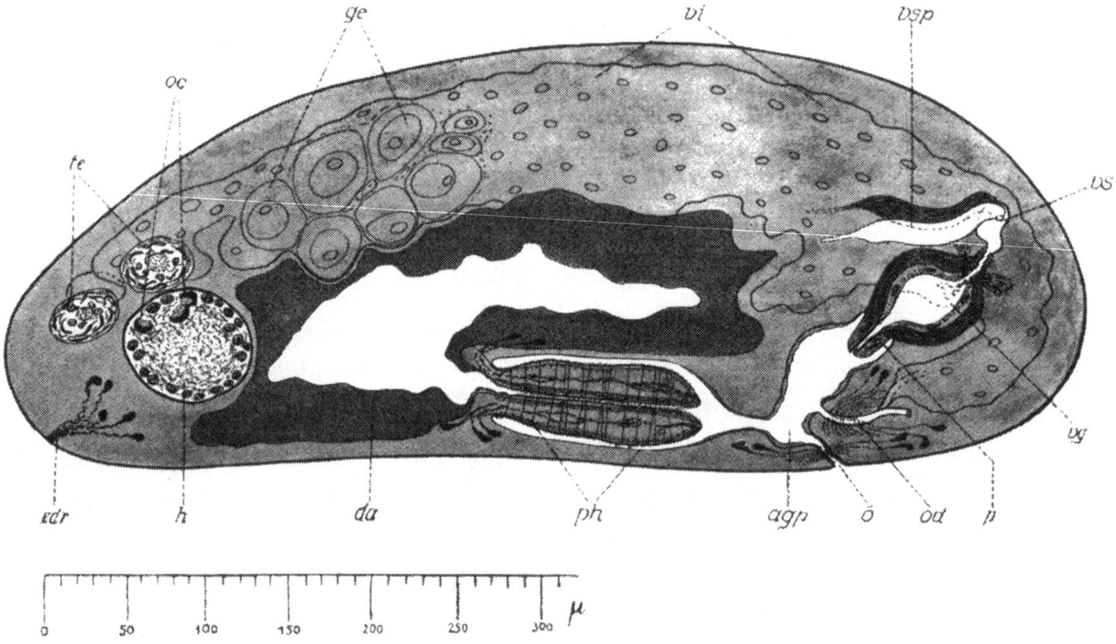


Fig. 12. *Cylindrostoma vanhöffeni*, Organisation. *agp* Atrium genito-pharyngeale; *da* Darm; *edr* erythrophile Kopfdrüsen; *ge* Germarabschnitt der ♀ Gonade; *h* Gehirn; *oc* Augen; *ö* Mund-Geschlechtsöffnung; *od* Oviduct (Drüsengang); *p* Penis; *ph* Pharynx; *te* Hodenfollikel; *vg* Vesicula granulorum; *vi* Vitellarien; *vs* unpaarer Abschnitt der Vesicula seminalis; *vsp* paariger Abschnitt derselben.

(spez. *Otoplanidae*) so bezeichnenden Bau, der sich eng an ähnliche Verhältnisse bei den *Polycladia* anschließt.

Das Gehirn ist nämlich von einer derben, homogenen, basalmembranähnlichen Kapsel umhüllt, die überdies auch noch die lichtperzipierenden Organe in sich einschließt. Das so scharf gegen seine Umgebung abgesetzte Gehirn hat eine schwach ellipsoide Gestalt und liegt im Vorderende, etwas der Ventralseite genähert. Ein meist einschichtiger Ganglienzellenbelag umhüllt unmittelbar unter der Hirnkapsel die zentrale Fasermasse.

Von Sinnesorganen sind nur Augen auffindbar. Eine Wimperringfurche ist nicht nachweisbar, was bei dem ungünstigen Erhaltungszustand nichts beweist.

Die 4 Augen zeigen die für fast alle *Combinata* gültige Anordnung und Struktur. Das vordere Paar ist einander ziemlich genähert, jedes Einzelauge besteht aus einem nach oben und etwas rückwärts offenen, schwarzen Pigmentbecher, der in seinem Inneren einen zweizeilig bestifteten Retinakolben beherbergt, der vollständig den entsprechenden, allerdings pigmentlosen Bildungen bei *Otoplana* (HOFSTEN, 1918, S. 34, 35) gleicht. Auch die Retinakolben von *Vorticeros* und die von *Plagiostomum reticulatum* O. SCHM. zeigen nach BÖHMIG (1890, S. 264—65, [S. 98—99 d. Sep.dr.] den gleichen Bau. Das hintere Augenpaar besteht aus je einem Doppelauge: zwei aneinandergeschmiegten Einzelaugen, von dem eben geschilderten Bau. Seine Öffnung ist nach vorn gerichtet. Entsprechend seiner Zusammensetzung ist es etwa doppelt so groß wie das rostrale Augenpaar. Die Augen liegen innerhalb der Gehirnkapsel knapp unter deren dorsaler Fläche.

Der männliche Geschlechtsapparat besteht aus den Hodenfollikeln, deren Ausführgängen und dem Kopulationsorgan. Die Hodenfollikel liegen, wie bei allen *Combinata* im Vorderkörper, dorsal von dem Hirn (Fig. 12, *te*). Ihre Zahl ist nicht sehr bedeutend, 3—5 jederseits. Jeder Follikel umschließt meist nur einen einzigen Cytophor von vermutlich zellulärer Natur. Spermatiden und Spermien liegen peripher. Vasa efferentia und deferentia sind im Vorderkörper nicht zu erkennen, erstere dürften überhaupt nur durch Mesenchymlücken dargestellt werden. Dorsal im Hinterkörper des Tieres sind die Endabschnitte der Vasa deferentia nachzuweisen, sie öffnen sich dort in paarige, echte Samenblasen (*vsp.*), an die sich, etwas abgesetzt, eine unpaare derartige Bildung (*vs*) anschließt. Ein kurzer, ziemlich stark muskulöser Verbindungsgang führt in den Bulbus des Kopulationsorganes. Dieses umschließt in seinem Inneren eine ansehnliche Vesicula granulorum, die ein hohes, kernführendes Epithel auskleidet, und setzt sich distal in eine Papille fort, welche als Penis (Fig. 12, *p*) in den männlichen Genitalkanal bzw. das Atrium genitopharyngeale vorspringt. Die Wandung des Bulbus bildet eine doppelte Längsmuskellage, zwischen die sich eine Schicht kräftiger, ringförmig und diagonal angeordneter Fasern einschiebt. Der die kaum muskulöse, gedrungen zapfenförmige Penispapille durchsetzende Ductus ejaculatorius ist mit einer kutikularisierten, homogenen Membran ausgekleidet. Die Kornsekretdrüsen öffnen sich in den basalen Teil des Bulbus. Die Dimensionen des Kopulationsorgans mögen mit Hilfe des beigegebenen Maßstabes an Fig. 12 eingesehen werden. — Der Penis ragt in einen weiten Gang, dessen oberer Abschnitt ebensowohl als männlicher Genitalkanal wie auch als Teil des Atrium genito-pharyngeale bezeichnet werden kann.

Der weibliche Geschlechtsapparat besteht wie bei allen *Cylindrostoma*-Arten lediglich aus den Gonaden und deren Ausführgängen. Die Gonaden sind unregelmäßig gelappte Germovitellarien, deren keimzellenführende Abschnitte (Fig. 12, *ge*) sich verhältnismäßig weit vorn zwischen Gehirn und Pharynx befinden. Die beiden Germarabschnitte fallen durch ihre ziemlich bedeutende Größe auf. Die Dotterzellen führenden Teile der Gonaden erstrecken sich von der Hirnregion bis in das Hinterende, wo sich an sie die beiden Oviducte anfügen. Diese zeigen ganz den von den Tricladen her bekannten Bau, sind also mit einer Muscularis und innerer Bewimperung ausgestattet. Ihr kurzer, unpaarer Endabschnitt (Fig. 12, *od*) nimmt die Ausführwege der Schalendrüsen auf, er ist dem „Drüsengang" der Tricladen direkt zu vergleichen. Knapp über der Abzweigung des gangförmigen Genitalporus vom Atrium genito-pharyngeale mündet er von hinten her in diesen ein. Zahlreiche, strukturell von den Schalendrüsen nicht verschiedene Drüsen ergießen ihr Sekret in den Genitalporus. Vermutlich haben sie für eine Anheftung der Eikapseln am Substrat mittels eines Stielchens zu sorgen.

**Cylindrostoma gaussi n. sp.**

3 Exemplare, Gauß-Station 7. 2. 1903, Twist 350 m.

Da von dieser Art 3 Individuen vorliegen, ist eine hinreichende Kennzeichnung trotz des schlechten Erhaltungszustandes möglich. Die Länge der relativ wenig kontrahierten Tiere beträgt wenig unter einem Millimeter; sie sind farblos, die Augen schwarzbraun. Das Epithel ist überall

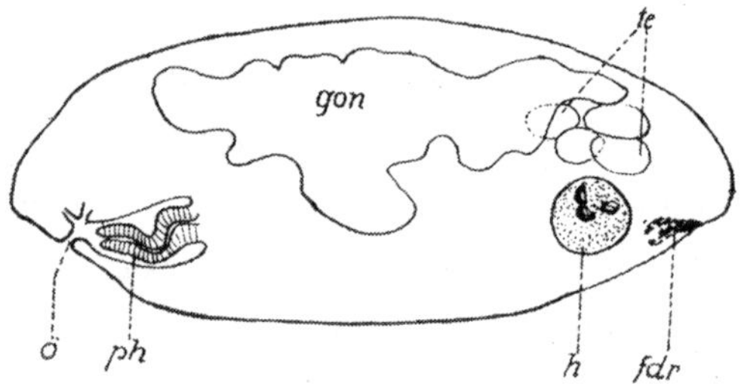


Fig 13.

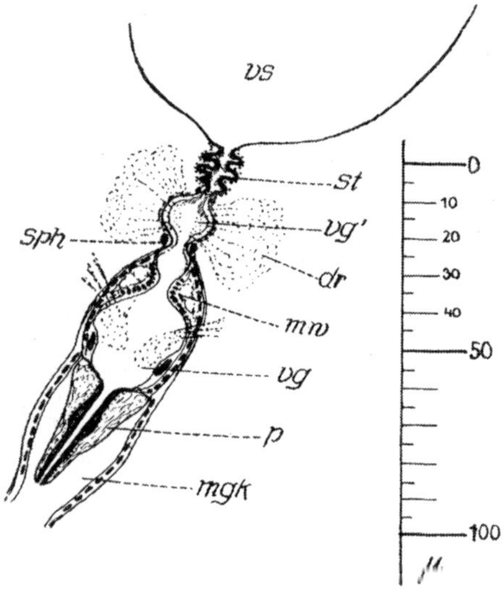


Fig. 15.

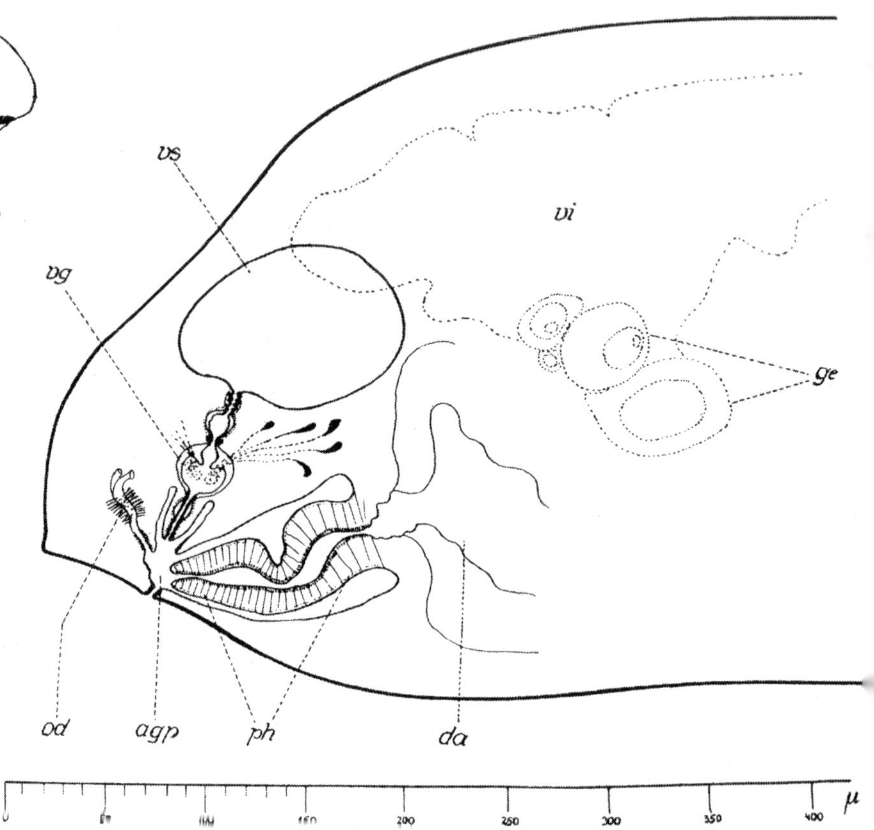


Fig. 14.

Fig. 13. *Cylindrostoma gaussi*, Übersicht. *fdr* Frontaldrüsen; *gon* ♀ Gonade; *h* Gehirn; *ö* Mund-Geschlechtsöffnung; *ph* Pharynx; *te* Hodenfollikel.

Fig. 14. *Cylindrostoma gaussi*, Organisation. *agp* Atrium genito-pharyngeale,; *da* Darm; *ge* Keimzellenabschnitt des Germovitellariums; *od* Oviduct-Drüsengang; *ph* Pharynx; *vg* Vesicula granulorum; *vs* Vesicula seminalis.

Fig. 15. *Cylindrostoma gaussi*, Kopulationsorgan. *dr* Drüsen; *mgk* männlicher Genitalkanal; *mw* Muskelwulst; *p* Penis; *sph* Sphinkter; *st* stielförmige Partie; *vg* Vesicula *granulorum*; *vs* Vesicula seminalis.

abgestoßen, die Basalmembran ist sehr derb, schwach geschichtet. Cyanophile Kopfdrüsen (Fig. 13, *fdr*) sind vorhanden; sie münden als kompaktes Bündel („Frontalorgan“) subterminal in einer seichten Kopfgrube aus. Der Verdauungsapparat schließt sich im wesentlichen an den von *C. vanhöffeni* an, nur liegt der Pharynx viel weiter hinten, der Hauptsache nach bereits im letzten Körperviertel. Die gemeinsame Mund-Geschlechtsöffnung ist nirgend mehr als höchstens $^1/_{10}$ mm vom Hinterende entfernt. Der Pharynx (Fig. 13, *ph*) ist bei allen 3 Exemplaren auffallend lang, zugespitzt kegelförmig und sehr muskelschwach. Die Muskelschichtenfolge entspricht derjenigen der vorher besprochenen Art. Über Pharynxepithel und Bewimperungsverhältnisse sind keine sicheren Angaben möglich. Ein Mundrohr fehlt, die Pharyngealtasche öffnet sich direkt ins Atrium. Betreffs des Nervensystems und der Sinnesorgane ergeben sich gleichfalls keine wesentlichen Differenzen gegenüber *C. vanhöffeni*. Das Gehirn (Fig. 13, *h*) ist ziemlich stark der Bauchfläche genähert. Die Augen gleichen in Bau und Anordnung bis ins feinste *C. vanhöffeni*. — Der männliche Geschlechtsapparat zeigt einige Besonderheiten. Die Hodenfollikel (Fig. 13, *te*) sind sehr zahlreich; sie reichen kaum über das Gehirn nach vorn hinaus. Samenleiter sind nicht auffindbar. Am Begattungsapparat (Fig. 14, 15) fällt die außerordentlich große, ballonförmige, unpaarige Samenblase (*vs*) sofort in die Augen. Ihre Wandung ist sehr dünn, schwach muskulös, der Binnenraum prall mit Sperma erfüllt. Die Samenblase sitzt mittels eines engen, rosenkranzartig eingeschnürten Stieles (Fig. 15, *st*) dem übrigen Apparat auf. Dieser Stiel ist dickwandig, innen bewimpert und von Ringmuskeln umgürtet. An ihn schließt sich ein erweiterter Abschnitt (Fig. 15, *vg'*), der von einem Wulst zarter Drüsen umgeben ist, die in ihn ihr schwach erythrophiles Sekret ergießen. Wir werden diese kleine blasige Erweiterung am besten als eine „äußere Vesicula granulorum“ zu bezeichnen haben. Ein kräftiger Sphinkter (Fig. 15, *sph*) vermag diesen Abschnitt gegen den Penisbulbus, der in seinem Inneren den eigentlichen Kornsekretbehälter (*vg*) einschließt, abzusperren. Proximal engt ein sonderbarer Muskelwulst (Fig. 15, *mw*), den eine zweite, nach innen vorspringende Ringmuskelschicht bildet, die Vesicula granulorum bedeutend ein. Distal vom Wulst ergießen die eigentlichen Kornsekretdrüsen ihr Sekretionsprodukt in die Vesicula. Ein deutliches, kernführendes Epithel kleidet den unteren Teil des Bulbus aus. Der Penis (Fig. 15, *p*) ist spitzkegelförmig, schwach muskulös, der ihn durchziehende Kanal ist von einer homogenen, in der Mitte stark angeschwollenen Schicht, wohl einer Art Kutikula, ausgekleidet. Der männliche Genitalkanal ist mit Ringmuskeln ausgestattet; er ist nur wenig länger als der Penis. — Das Atrium genito-pharyngeale ist klein, der Genitalporus kurz und von einigen Ringmuskeln umgeben. In die Hinterwandung des Atrium öffnet sich der unpaare Endabschnitt der Oviducte. Seine distale Hälfte ist mit einer verstärkten Ringmuskulatur versehen, in die proximale (*od*) münden die Schalendrüsen. Die weiblichen Gonaden ein Paar Germovitellarien, reichen vom Gehirn bis in die Gegend der Samenblase (vgl. Fig. 13, *gon*); ihr keimbereitender Abschnitt (Fig. 14, *ge*) hat die Gestalt eines Divertikels, das sich in der hinteren Hälfte der Gonade an den Vitellarteil ansetzt. Die beiden Germovitellarien sind sowohl im keim- als auch im dotterführenden Abschnitt partiell miteinander verschmolzen.

### Monoophorum ruseri n. sp.

2 Exemplare, Gauß-Station 7. 2. 1902, Twist 350 m.

Der Beschreibung ist das besser erhaltene, weniger kontrahierte Individuum zugrunde gelegt. Einzelheiten am Kopulationsorgan wurden mit Hilfe des zweiten Exemplars ergänzt. Die Länge beträgt ca. 0,8 mm. Die Körperform (Fig. 16) bietet wenig Charakteristisches; die beiden Tiere sind durch sehr spärliches Mesenchympigment schwach gelblich gefärbt. Die Augenpigmentbecher weisen eine schwarzbraune Farbe auf. Das Epithel ist nur in Resten erhalten. dermale Rhabditen scheinen vorhanden gewesen zu sein. Die Basalmembran ist derb. Der Hautmuskelschlauch ist kräftig und seine Längsfasern weisen in der Pharynx-Geschlechtsregion eine besonders ansehnliche Entwicklung auf. Speziell in der Umgebung des Mund-Geschlechtsporus (*ö*) treten ihrer viele zur Bildung dicker Bündel zusammen. Die cyanophilen Frontaldrüsen (Fig. 16, *fdr*) münden auf einem ausgedehnten Felde aus. Eine Kopfgrube ist nicht vorhanden. Zwischen dem cyanophilen Drüsenbündel sucht ein schmaler Strang erythrophilen Sekretes (Fig. 16, *edr*) seinen Weg. Der Verdauungsapparat bietet das gewohnte Bild. Der Darm (*da*) ist kurz und breit, Körnerkolben sind vorhanden. An ihn schließt sich, anscheinend ohne Vermittlung eines eigenen Oesophagus, der kräftige, schwach kegelförmig verjüngte Pharynx (Fig. 16, 17, *ph*). Sein ziemlich hohes, eingesenktes Innenepithel ist mit einem Besatz kurzer Cilien versehen. Das Pharynxaußenepithel scheint der Wimpern zu entbehren, es ist schwach kutikularisiert. — Die Muskelanordnung zeigt die übliche Cylindrostomideneigentümlichkeiten bis auf die äußeren Ringmuskeln, welche unserer Form vollständig fehlen. Die inneren Ringmuskeln sind dafür ungemein kräftig, im Querschnitt annähernd keulenförmig gestaltet. Die äußeren Längsmuskeln sind ansehnlich, die inneren sehr zart. Einige von den äußeren Längsmuskeln gehen in die Bildung der Pharynxretraktoren ein. Die Radiärmuskulatur ist schwach entfaltet. Am freien Pharynxrande münden die der Hauptsache nach extrapharyngealen Drüsen aus. Selbstverständlich ist der Schlundkopf, genau so wie der von *Monoophorum striatum* (GRAFF) ein typischer Pharynx plicatus, wie BÖHMIG (1890, S. 50) gegenüber betont sei, der für die letztgenannte Form ebenso wie für *Vorticeros* einen Pharynx variabilis angibt, was irrig ist. Von einem Muskelseptum ist bei keiner dieser Formen etwas zu entdecken. Die Pharyngealtasche ist mäßig weit, das Mundrohr kurz und eng. Das Atrium genito-pharyngeale des einen Individuums ist eng, das des andern blasig erweitert. Die Mund-Geschlechtsöffnung (Fig. 16, *ö*, Fig. 17, *gö*) liegt sehr weit hinten. — Von Exkretionsorganen ist nichts erhalten. — Das Nervensystem ist so wie das von *Cylindrostoma* beschaffen. — Der männliche Geschlechtsapparat ist, soweit das Kopulationsorgan in Frage kommt, ungemein charakteristisch gestaltet. — Die Hodenfollikel (Fig. 16, *te*) liegen im Vorderkörper, dorsal von dem Gehirn; ihre Zahl ist gering. Im Gegensatz zu *Monoophorum striatum* (GRAFF) ist nur eine Samenblase (Fig. 17, *vs*) vorhanden. Da dieselbe asymmetrisch liegt, ist die Annahme einer einseitigen Reduktion gestattet. Sie ist schwach muskulös und anscheinend von zarten Cilien ausgekleidet. Gegen das Kopulationsorgan hin verjüngt sie sich allmählich, um in dessen Scheitel zu münden. Der Bulbus des Begattungsgliedes trägt proximal ein gewaltiges Ringmuskelkissen (Fig. 17, *rm*), dessen Zentrum von dem Samen- und Sekretgange durchsetzt wird. Letzterer weist an seinem proximalen Ende eine kleine, kugelige Erweiterung auf. In den dünnwandigen eigentlichen Bulbus (Fig. 17, *pb*), wenn man will, kann man auch von einer Vesicula granulorum sprechen, ist der Penis in der Ruhelage eingestülpt (*pss*). Er hat in diesem Zustande die Gestalt eines rundlichen Zapfens, den eine Kutikula überzieht und an dessen Aufbau sich außer einer inneren und äußeren Ringmuscularis Mesenchym und Drüsenausführgänge beteiligen. Die freie Penisspitze umzieht ein kräftiger Ringmuskel. Knapp hinter ihm spannt sich ein Kranz radiär angeordneter Dilatatoren

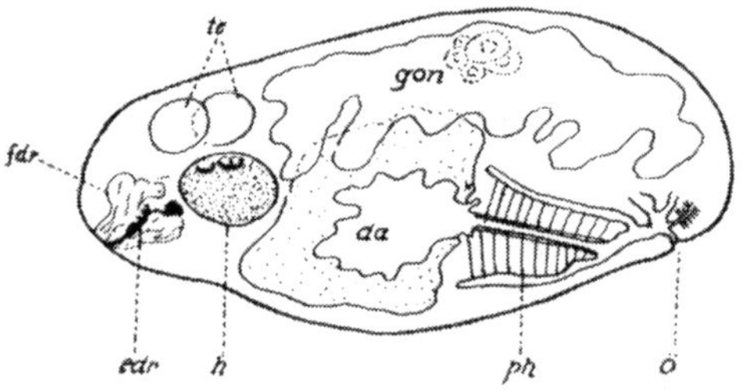


Fig. 16. *Monoophorum ruseri*, Übersicht. *da* Darm; *edr* erythrophile Kopfdrüsen; *fdr* Frontaldrüsen (cyanophil); *gon* ♀ Gonade; *h* Gehirn; *ö* Mund-Geschlechtsöffnung; *ph* Pharynx; *te* Hodenfollikel.

zwischen Innen- und Außenwandung des Penis aus. Die Kornsekretdrüsen münden zusammen mit der Samenblase in das proximale Ende des Kopulationsorganes. Der männliche Genitalkanal (Fig. 17, *mgk*) ist verhältnismäßig weit, hat er doch den ansehnlichen Penis bei dessen Ausstülpung aufzunehmen. Er mündet oberhalb des Mundrohres ins Atrium. Ein der dorsalen Atrialdecke entsteigender Gang führt in die unregelmäßig eingebuchtete Bursa (Fig. 17, *b*), die mit Ringmuskeln ausgestattet ist und deren Epithel Andeutungen drüsiger Natur aufweist. Dem proximalen Ende der Bursa fügt sich ein ungemein dünner, zartwandiger Kanal an, der Ductus spermaticus (*dsp*), der in sanftem Bogen nach oben und vorn zieht, um am hinteren Ende des unpaaren Keimzellenlagers (*ge*) zu endigen. — Die weiblichen Geschlechtsdrüsen zeigen den von *Monoophorum striatum* (GRAFF) her bekannten Bau. Es liegen also paarige Dotterstockschläuche und ein

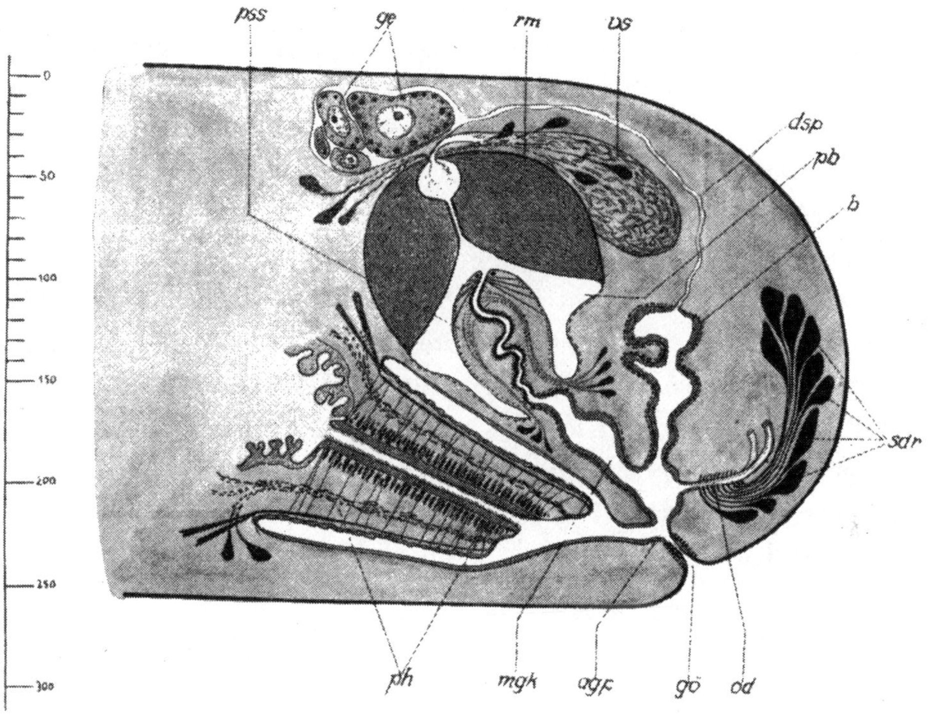


Fig. 17. *Monoophorum ruseri*, Organisation. *agp* Atrium genito-pharyngeale; *b* Bursa; *dsp* Ductus spermaticus; *ge* Germar; *gö* Mund-Geschlechtsöffnung; *mgk* männlicher Genitalkanal; *od* Oviduct-Drüsengang; *pb* Penisbulbus (*Vesicula granulorum*); *ph* Pharynx; *pss* Penis s. str.; *rm* Ringmuskelkissen; *sdr* Schalendrüsen; *vs* Vesicula seminalis.

medianes, unpaares Keimzellenlager vor. Beide Abschnitte sind von einer Tunica propria umhüllt, ein Verhalten, das bereits BÖHMIG (1890, S. 171) bei *Monoophorum striatum* aufgefallen ist. Allerdings glaubt er, in dieser Tunica nur besonders modifiziertes Mesenchymgewebe zu sehen. Demgegenüber frage ich: Hat überhaupt jemand schon die Genese einer Turbellariengonadentunica verfolgt? Mir scheint es derzeit am zweckmäßigsten, in dieser Frage von vornherein auf jede entwicklungsgeschichtlich gerichtete Stellungnahme zu verzichten, da eine Entscheidung sonst in allzu vielen Fällen praktisch unmöglich ist, und ich halte es daher für durchaus zulässig, den Begriff Tunica propria auf jede Art wohldifferenzierter Gonadenhülle auszudehnen.

Die ausgesprochene Totipotenz vieler Turbellariengewebe läßt diese Freiheit auch in theoretischer Hinsicht statthaft erscheinen. — Auf jeden Fall ist es ein Irrtum, zu glauben, daß eine Tunica propria den früher als „*Alloeocoela holocoela*“ zusammengefaßten Formen durchaus fehlen müsse, und ich halte es für durchaus möglich, daß es sogar Angehörige ein und derselben Gattung geben kann, die teils einer Gonadentunica ermangeln, teils mit einer solchen ausgestattet sind. — Die für den Keimzellenabschnitt des *Monoophorum striatum* (GRAFF) beschriebenen Besonderheiten (Plasmalager, Differenzierung am Ansatz des Ductus spermaticus) vermisse ich im übrigen bei *M. ruseri*; die Keimzellen bieten ganz das gewohnte Aussehen bei anderen Allöocölen. — Über die Verbindung der Oviducte mit den Gonaden bin ich nicht ins Klare gekommen; sie vereinigen sich zu einem unpaaren Endstück (Fig. 17, *od*), den Drüsengang, in den die reich entwickelten Schalendrüsen (Fig. 17, *sdr*) ihr Sekret ergießen. Der unpaare Oviduct öffnet sich von hinten her ins Atrium.

Zusammenfassend kann gesagt werden, daß uns in *Monoophorum ruseri* ein typischer Vertreter dieser Gattung entgegentritt, der durch die ganz eigenartige Gestaltung seines Kopulationsorganes *M. striatum* (GRAFF), wie überhaupt den übrigen *Cumulata* gegenüber, seine spezifische Charakterisierung erfährt.

Ein Ringmuskelkissen von der unserer Form eigentümlichen Ausbildung treffen wir einzig und allein bei marinen Trikladen wiederum an. Es ist sicher auffallend, daß es sich hier ebenfalls um antarktische und subantarktische Formen handelt, mit denen uns HALLEZ und BÖHMIG bekannt gemacht haben. — Man braucht sich lediglich den Penis des *Monoophorum ruseri* dauernd ausgestülpt vorzustellen, und der Vergleich mit *Procerodes wandeli* (HALLEZ) drängt sich einem geradezu auf. Bei der zweifellos ziemlich engen Verwandtschaft zwischen *Cumulata* und *Metamerata*, die uns in ersteren den Ausgangspunkt für letztere vermuten läßt, scheint es gerechtfertigt, in der geschilderten Übereinstimmung mehr als ein Walten blinden Zufalls zu sehen, ohne damit natürlich eine direkte Ableitung antarktischer Procerodiden von *Monoophorum ruseri*-ähnlichen Formen in Erwägung ziehen zu wollen.

### Gens: **Separata.**

### Fam.: **Plagiostomidae.**

Separata mit Pharynx bulbosus.

Die Familie enthält 2 Genera:

*Alvaëra* (S. BOCK, 1923) [Syn.: *Acmostomum* e. p., nom. em., *Hallezia*].

*Plagiostomum* (O. SCHMIDT, 1852).

1. Genus: *Alvaëra* (S. BOCK, 1923). *Plagiostomidae* mit diffusen Germarien. Pharynx vor dem Gehirn. Typus und einzige sichere Art:

   *Alvaëra dioica* (MECZN., 1865) [Syn.: *Acmostomum dioicum* MECZN., *Plagiostoma dioicum* (GRAFF), *Acmostomum sarsii* JENSEN, *Hallezia s.*, *Acmostomum rufodorsatum* ULJANIN, *Plagiostomum rufodorsatum* (GRAFF)].

2. Genus: *Plagiostomum* (O. SCHMIDT, 1852). Typus: *Pl. vittatum* (LEUCKART, 1847).

   *Plagiostomidae* mit kompakten Germarien. Pharynx unter oder hinter dem Gehirn. (Zahlreiche Arten.)

Das Genus *Plagiostomum* ist in der vorliegenden Kollektion durch zwei Arten vertreten, deren eine: *Plagiostomum lutheri* Böhmig bereits von Böhmig (dieses Werk) von den Kerguelen beschrieben wurde. Das nunmehr festgestellte Vorkommen am Rande des antarktischen Kontinents läßt auch in dieser Art eine typisch antarktische Form erkennen. Der ausgezeichneten Darstellung Böhmigs ist im übrigen nichts beizufügen.

**Plagiostomum opisthogonimum** n. sp.

2 Exemplare, Gauß-Station 7. 2. 1903, Twist 350 m.

Das eine der beiden Individuen hat seine Körperform sehr gut bewahrt; es ist gegen 0,9 mm lang und fällt durch seine ausnehmend schlanke Gestalt auf. Das zweite, anscheinend etwas größere Tier ist stark kontrahiert. Schon am unversehrten Alkoholexemplar (Fig. 18, *A*) fällt der im Vergleich mit dem kurzen Darm (*da*) sehr große, diesem an Länge nicht nachstehende Pharynx (*ph*) auf. Derselbe überragt nach vorn hin etwas das Gehirn, dem zwei sehr ansehnliche, einander be-

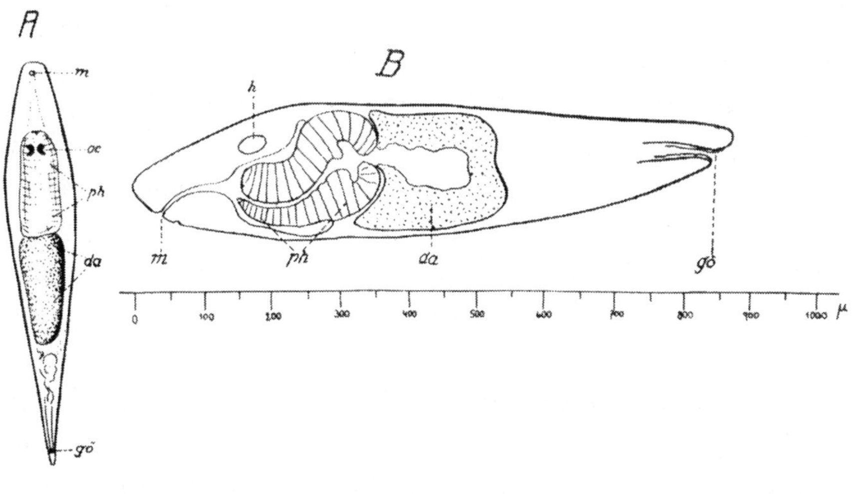


Fig. 18. *Plagiostomum opisthogonimum.* *A* Ansicht des einen Alkoholexemplars; *B* sagittaler Längsschnitt; *da* Darm; *gö* Geschlechtsöffnung; *h* Gehirn; *m* Mund; *oc* Augen; *ph* Pharynx.

trächtlich genäherte Augen (*oc*) anliegen. Die Mundöffnung (*m*) liegt sehr weit vorn, beinahe subterminal, der Genitalporus (*gö*) befindet sich an der Unterseite der Schwanzspitze. Habituell ähnelt unsere Form zweifellos sehr dem *Plagiostomum whitmani* Graff, von dem sie sich allerdings durch die viel weiter hinten gelegenen Augen und das abweichend gestaltete Kopulationsorgan leicht unterscheiden läßt. Auch mit *Plagiostomum drygalskii* Böhmig, einer subantarktischen Art (Kerguelen) ergeben sich bedeutsame Übereinstimmungen. Nichtsdestoweniger ist auch in diesem Falle die Unterscheidung leicht, wenn man nur darauf achtet, daß *Plagiostomum opisthogonimum* mit einer wohlentwickelten Wimperrinne versehen ist, welche Böhmigs Art fehlt, und daß letztere überdies eine abweichende Augenstellung und weniger weit hinten gelegene Geschlechtsöffnung aufweist; von feineren Unterschieden im Innenbau natürlich ganz abgesehen. — Die Tiere sind farblos, nur der Darm ist grünlichgrau getönt. — Das eine der beiden Individuen ist so ausgezeichnet erhalten, daß auch feinere histologische Details wohl eingesehen werden können. Die einzige, den modernen Anforderungen restlos entsprechende Darstellung vom Bau einer *Plagiostomum*-Spezies danken wir Hofsten (1907). Böhmigs (1890) wertvolle Untersuchungen bringen zwar eine erdrückende Fülle subtilster Detailangaben, vorzüglich histologischer Natur, gestatten es jedoch nur schwer, sich ein anschauliches Bild des ganzen Organismus zu machen. Da *Plagiostomum opisthogonimum* in vielem vollständig mit HOFSTENS Angaben, die sich auf *Pl. lemani* (FOREL & DU PLESSIS) beziehen, übereinstimmt, sei es gestattet, sich in weitestgehendem Maße auf diese Publikation zu berufen.

Das Epithel gleicht vollständig demjenigen von *Plagiostomum lemani*, lediglich im Vorhandensein einer beträchtlicheren Kernzahl sowie in dem dermaler Rhabditen ergibt sich ein Unterschied. Letztere sind ziemlich spärlich über den ganzen Körper des Tieres verbreitet, insonderheit besteht kein merklicher Unterschied zwischen Ventral- und Dorsalseite, ein im Vergleich zur Regel auffallendes Verhalten. Vereinzelt finden sich im Epithel stark cyanophile Schleimpfröpfe (Fig. 19, *pf*), deren mutmaßliche Verbindung mit Drüsen des Mesenchyms jedoch nicht aufzufinden war. Die Basalmembran ist dünn, strukturlos. Der Hautmuskelschlauch ist ziemlich schwach entwickelt, er besteht aus einer äußeren Ring-, inneren Längsmuskelschicht und dazwischen geschalteten Diagonalmuskelschichten. Eine Binnenmuskulatur ist vorhanden, sie besteht aus ungemein dünnen Fasern in spärlicher Zahl. Am Stirnfelde des Tieres münden die gut ausgebildeten Frontaldrüsen aus. Wir unterscheiden unter diesen zwei Sorten: die schwach cyanophilen eigentlichen Frontaldrüsen (Fig. 19, *fdr*) mit einem homogenen, voluminösen, vermutlich schleimigen Sekret und erythrophile Drüsen (Fig. 19, *edr*), deren Ausführwege (*a*) über denjenigen der cyanophilen gelegen sind. Die letztgenannten Drüsen produzieren ein feinkörniges bis kurzfädchenförmiges Sekret. Die Ausmündung der Frontaldrüsen ist auf ein rundliches Feld beschränkt, in dessen Bereich das Epithel der Cilien entbehrt und sein vakuolisierter Bau minder deutlich ausgesprochen ist. Eine sehr seichte, kaum merkliche Eindellung dieser Partie mag als Andeutung einer Kopfgrube aufgefaßt werden. — Das Mesenchym bietet nichts Besonderes; es ist dicht, lückenlos.

Der Verdauungsappaart zeigt einige Eigentümlichkeiten und stimmt in vielem mit dem des *Plagiostomum lemani* (FOREL & DU PLESSIS) überein. Wie dort liegt die Mundöffnung (Fig. 19, *m*) annähernd subterminal, am unteren Rande des Stirnfeldes. Ein verstärkter Ringmuskel dient als Sphinkter. Von der Mundöffnung steigt ein langes, enges Mundrohr (Fig. 19, *mr*) im Bogen nach oben und hinten, um sich im Bereiche des Schlundkopfes zu einer ansehnlichen Pharyngealtasche zu erweitern. Das Epithel des Mundrohrs und der Pharyngealtasche ist sehr niedrig und nur im erstgenannten Abschnitt kernhaltig. Cilien sind nicht vorhanden. Der gewaltige, $^1/_4$ der Körperlänge in Anspruch nehmende Pharynx (Fig. 18, 19, *ph*) hat die Gestalt einer lang gestreckten, distal verschmälerten Tonne und zeigt strukturell eine bedeutende Ähnlichkeit mit dem Schlundkopf von *Pl. lemani*. Die Insertion der Pharyngealtasche erfolgt allerdings hinter der Pharynxmitte. Entsprechend der geringeren Größe des *Plagiostomum opisthogonimum* ist die Schlundkopfmuskulatur schwächer als bei *Pl. lemani*. Da wie dort liegen jedoch die gleichen Muskelgruppen vor. Die inneren Ringmuskeln sind kräftig, die äußeren sehr zart; beide werden nach vorn hin dünner und hören noch vor dem freien Pharynxrand auf. Das gleiche gilt hinsichtlich der Längsmuskeln, welche allerdings eine ähnliche Auffaserung, wie sie den äußeren Längsmuskeln des *lemani*-Schlundkopfes eignet, vermissen lassen. Die Radiärmuskeln sind zart und nur an ihrem inneren Ende aufgefasert. Am Aufbau des Muskelseptums beteiligen sich nur Längsmuskeln, demgemäß findet am ganzen Schlundkopf überhaupt kein Muskelschichtenwechsel statt. Der Pharynxkörper ist von Bindegewebe erfüllt, in dem, speziell im hinteren Teil, Drüsenzellen gelegen sind, die ihr Sekret am freien Pharynxrande nach außen entleeren. Im Gebiete der Insertion der Schlundkopftasche befindet sich wie bei *Pl. lemani* ein deutlicher Nervenring (Fig. 19, *nr*), der mit einem reich entwickelten Pharynxnervenplexus in Verbindung steht. Den Ringnerv verknüpft ein Nervenpaar mit den ventralen Längsnerven. Die Bewegungsmuskulatur des Pharynx, teils als Fixatoren (*fix*), teils als Pro- und Retraktoren anzusprechen, inseriert im Bereiche des hinteren Endes der Pharynxtasche am Pharynxkörper. Die freie Außen- wie Innenfläche des Pharynx besteht wie bei *Pl. lemani* aus einer ungemein dünnen, schwach kutikularisierten, kernlosen, plasmatischen Schicht. Wimpern sind weder außen noch innen aufzufinden. Das Pharynxlumen gleicht dem von *lemani*, die eine Spitze des Querschnittsdreiecks ist wie bei dieser Form nach unten gerichtet. Alles in allem schließt sich der Pharynx von *Plagiostomum opisthogonimum* eng an dem von *Pl. lemani* an, von dem ihn eigentlich nur folgende Punkte unterscheiden: 1. die schwächere Entwicklung der Muskulatur

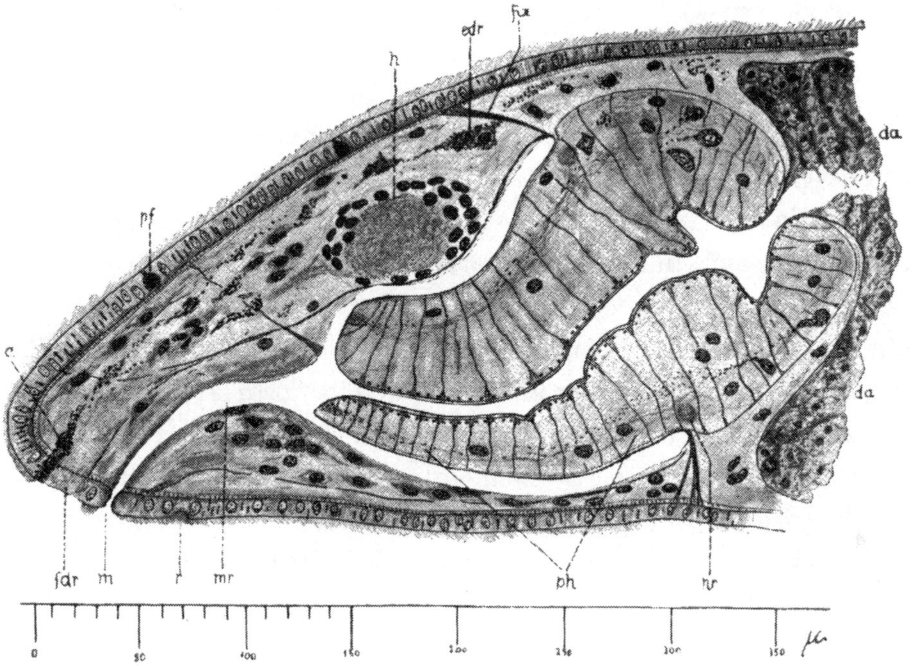


Fig. 19. *Plagiostomum opisthogonimum.* Sagittalschnitt durch das Vorderende. *a* Ausführgang erythrophiler Drüsen; *da* Darm; *edr* erythrophile Drüse; *fdr* Frontaldrüsenmündung; *fix* Pharynxfixator; *h* Gehirn; *m* Mundöffnung; *mr* Mundrohr; *nr* Nervenring; *pf* Schleimpfropf; *ph* Pharynx; *r* Wimperrinne.

und das Fehlen eines Sphinkters sowie der Ringmuskulatur des Septums, 2. die weiter caudale Insertion der Pharyngealtasche. Wie man sieht, kaum Merkmale von größerer Bedeutung. — Der kurze, sackförmige Darm (Fig. 18, 19, *da*) schließt sich eng an den Pharynx an; ein ganz unbedeutender, an den Präparaten schlecht einzusehender Oesophagus scheint sich zwischenzuschieben. Das Darmepithel ist hoch, unbewimpert und entbehrt mit Bestimmtheit besonders histologisch differenzierter Drüsenzellen (Körnerkolben). Eine sehr dünne Darmmuscularis ist allerorten wahrnehmbar; die Muskelfasern bilden anscheinend ein unregelmäßiges Geflecht.

Vom Exkretionsapparat konnte ich nur Bruchteile zarter Kanälchen wahrnehmen. Eine Endblase o. dgl. ist nicht vorhanden.

Das Nervensystem entspricht, soweit sich an dem spärlichen Material darüber ein Überblick gewinnen läßt, in allem Wesentlichen demjenigen von *Pl. lemani.* Die Lage des Gehirns über dem Vorderende des Pharynx erhellt am deutlichsten aus den beigegebenen Figuren (Fig. 18 *B*, 19, *h*).

Der Ganglienzellenbelag, der die Fasermasse des Hirns allseitig umgibt, ist gegen das umgebende Mesenchym leidlich gut abgesetzt. Gestaltlich und strukturell ergibt sich, soweit das beurteilt werden kann, eine vollständige Übereinstimmung mit dem Hirn von *Plagiostomum lemani* (Forel & Du Plessis); ich verweise deshalb betreffs alles Näheren auf Hofsten (1907, S. 104, 105). — Auch die austretenden Nerven scheinen sich übereinstimmend mit *Pl. lemani* zu verhalten; so nehmen z. B. auch bei *Pl. opisthogonimum* die Lateralnervenwurzeln ihren Ursprung aus denen der ventralen Längsstämme. Die drei Längsnervenpaare sind an den Präparaten deutlich wahrzunehmen, die lateralen und ventralen scheinen gleich dick zu sein. Kommissuren sind da und dort mit Mühe nachweisbar.

Von Sinnesorganen sind spärliche Tastborsten, eine ventrale Wimperrinne und ein großes Augenpaar nachzuweisen. — Die Tastborsten bieten nichts Auffallendes; sie sitzen vereinzelt am Vorderende des Tieres. — Die Wimperrinne (Fig. 19, *p*) ist seicht, seitlich bis in die halbe Körperhöhe verfolgbar und auf der Innenseite des Epithels von einem zarten Nervenstrange begleitet. Die Cilien, welche die Rinne auskleiden, stehen dichter als anderswo. — Die Augen sind groß, mit der offenen Seite der Pigmentbecher nach außen gewandt. Wie bei allen Plagiostomiden beherbergen sie 3 Retinakolben, die durch schmale Erhebungen der gemeinsamen Becherwandung gegeneinander abgegrenzt sind. Es sei gleich diesen Ortes darauf hingewiesen, daß Hofsten mit Unrecht der Doppelzahl der Augenpaare von *Plagiostoma lemani* zu großes Gewicht beimißt. Das, was in beiden Fällen gleichbleibt, ist die Zahl der Retinakolben. Ich sehe im Augenbau des *Plagiostoma lemani* nichts weiter als die partielle Abtrennung eines Retinakolbenpaares von dem ursprünglich normal dreizähligen Auge. Auch der Besitz je einer gemeinsamen Opticus-Wurzel zeigt uns, daß wir es hier lediglich mit einer wenig weit fortgeschrittenen, sekundären räumlichen Sonderung zu tun haben.

Die Geschlechtsorgane entsprechen dem allgemeinen Plagiostomidentyp. In auffallender Übereinstimmung mit *Pl. lemani* scheinen die weiblichen Keimdrüsen früher zu reifen als die männlichen. Wenigstens lassen die Befunde an dem jüngeren der beiden vorliegenden Exemplare, an dem die Hoden eben erst mit der Spermaproduktion begonnen haben und noch viel unreifes Zellmaterial bergen, wogegen Keim- und Dotterstöcke voll entwickelt sind, kaum eine andere Deutung zu. Andere *Plagiostomum*-Arten, z. B. *Plagiostomum vittatum* (Leuckart), verhalten sich diesbezüglich umgekehrt.

Der männliche Geschlechtsapparat besteht aus den Hoden, zwei verzweigten Vasa deferentia und dem ansehnlichen Kopulationsorgan. Die Hodenfollikel sind auf die hintere Körperpartie beschränkt, wo sie den ganzen Raum ventral vom Kopulationsorgan einnehmen. Sie treten uns in Gestalt einer zusammenhängenden Masse entgegen; ein Netz durchlaufender Bindegewebszüge läßt nichtsdestoweniger die einzelnen Follikel noch leidlich gut erkennen. Die beiden Vasa deferentia, sehr dünne, innen bewimperte Kanäle, lassen sich von der Samenblase (Fig. 20, *vs*), in die sie gemeinsam münden, jederseits bauchwärts verfolgen, wo sie sich in eine Reihe feinerer Äste gabeln, die sich zwischen den Follikeln verzweigen. Im einzelnen genügen die vorliegenden Präparate nicht, eine detaillierte Angabe zu machen. Diese Befunde stehen wiederum in Übereinstimmung mit Hofsten und haben wohl für alle Plagiostomiden Geltung, wenigstens habe ich Vasa deferentia von gleichem Bau auch bei *Plagiostomum vittatum* (Leuckart) und *Alvaëra dioica* (Meczn.) feststellen können. Das Kopulationsorgan besteht aus einer Vesicula seminalis (Fig. 20, *vs*), einer davon unvollständig geschiedenen Vesicula granulorum und einem rohrförmig verlängerten, in eine rückläufige Windung gelegten Abschnitt, an dem sich ein dünner Verbindungskanal und ein erweiterter, den eingestülpten, in Schlingen gelegten Penis s. str. (Fig. 20, *p*) bergender „Distalsack" (*ds*) anschließt. Distal von dem Penis befindet sich eine Penisscheide (*ps*). Wie aus dem Gesagten hervorgeht, herrscht im Prinzip eine vollkommene Übereinstimmung mit dem Bau des *Plagiostomum lemani*-Penis. —Die Vesicula seminalis (*vs*) ist von einem dünnen, kernführenden Epithel ausgekleidet. Ihre Wandung besteht aus Ring- und Längsmuskeln. An sie schließt sich distal ein als Sekretbehälter (*vg*) in Anspruch zu nehmender Abschnitt, dessen hohes Epithel zahlreiche, radiär gestellte Sekrettrauben einschließt. Das Sekret scheint im Epithel selbst gebildet zu werden, die Kornsekretdrüsen sind also „intrakapsulär". Vesicula seminalis und

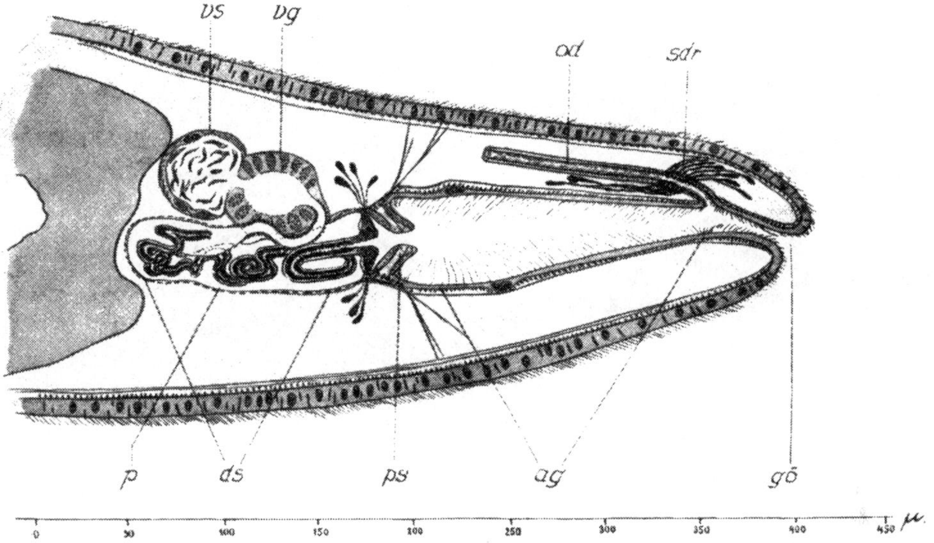


Fig. 20. *Plagiostomum opisthogonimum.* Schema des ♂ Genitalapparates. *ag* Atrium genitale (bzw. männlicher Genitalkanal); *ds* Distalsack; *gö* Geschlechtsöffnung; *od* Oviduct; *p* Penis s. str.; *ps* Penisscheide; *vg* Vesicula granulorum; *vs* Vesicula seminalis.

V. granulorum sind in ganz ähnlicher Weise bei den meisten übrigen Plagiostomiden entwickelt; eine allmähliche Verwischung ihrer scharfen Grenzen führt zu Stadien, wie sie bei *Pl. lemani* verwirklicht sind. Der an die Vesicula granulorum anschließende Verbindungskanal ist eng und mit einer sehr kräftigen Ringmuskulatur ausgestattet. Längsmuskeln fehlen diesem Abschnitt vollständig. Der Verbindungskanal biegt nach seinem Austritt in der Höhe des Ansatzes der Samenblase an die Vesicula granulorum in den Distalsack (*ds*) über. Dieser biegt, am Hinterrande des Darmes angelangt, wieder nach hinten um und zieht bis zur Einmündung in den männlichen Genitalkanal in gleicher Richtung weiter. Die Muskulatur dieses Abschnittes besteht aus einer mäßig starken Ringmuskularis und einer Schicht außen davon gelegener Längsmuskeln, die jedoch nur in dem distalen Abschnitt wohlentwickelt sind. Eine ungemein dünne, epitheliale Schicht kleidet den Distalsack aus. Der Distalsack birgt in der Ruhelage den vielfach gewundenen Penis, dessen Bau und Insertionsverhältnisse an Hand von Fig. 21 besprochen werden mögen. Der Penis ist ein überall ziemlich gleich dickes, sehr langes Rohr, an dessen Aufbau sich nur Längsmuskeln beteiligen. Diese treten uns in zwei Schichten, einer äußeren und einer inneren, entgegen, welch letztere aus ca. doppelt so dicken Fasern wie die äußere besteht. (Die Benennung bezieht sich auch auf das **eingestülpte** Organ.) Zwischen beiden Muskelschichten klafft ein dünner Spaltraum, in dem Bindegewebe und Drüsenausführungsgänge gelegen sind (vgl. Fig. 21 *A*). Innen und außen ist der Penis von einer dünnen, epithelialen, kernlosen Schicht überzogen. Wenn man berücksichtigt, daß die Penismuskulatur zahlloser mariner *Plagiostomum*-Arten aus Ring- und Längsmuskeln besteht, dann erklärt es sich leicht, daß bei ein und demselben Organ einmal die letzteren (*Plagiostomum lemani*) und dann wiederum die ersteren (*Pl. opisthogonimum*) in Wegfall und dadurch auf den ersten Blick tiefgreifend scheinende Abweichungen zustande kommen konnten. Beide Muskelschichten sind übrigens auch bei dem *Pl. opisthogonimum* offenbar sehr nahestehenden *Pl. drygalskii* noch wohlerhalten, wie aus Böhmigs Darstellung (1914) hervorgeht. Zum Verständnis derselben sei nur bemerkt, daß Böhmig

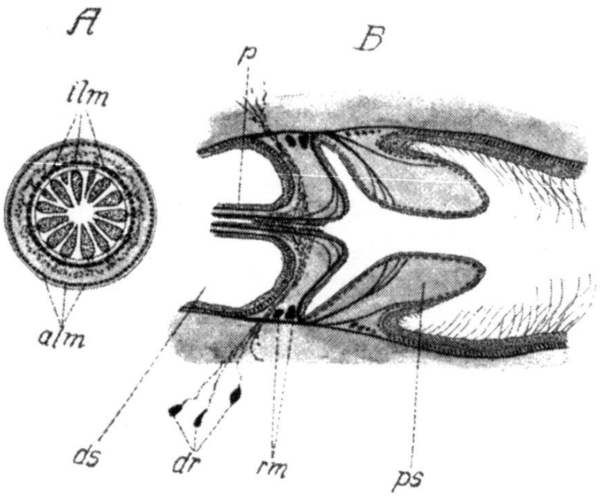


Fig. 21.

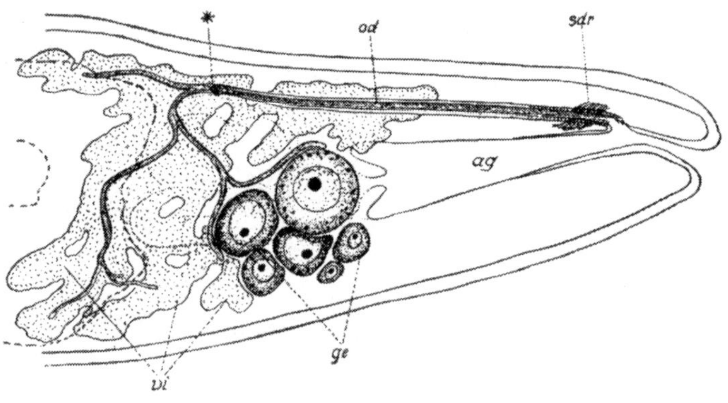


Fig. 22.

Fig. 21. *Plagiostomum opisthogonimum.* *A* Querschnitt durch den eingestülpten Penis s. str.; *B* Längsschnitt durch das Kopulationsorgan im Bereiche des Diaphragma. *alm* „äußere" Längsmuskeln; *ilm* „innere" Längsmuskeln; *dr* Penisdrüsen; *ds* Distalsack; *p* Penis s. str.; *ps* Penisscheide; *rm* Ringmuskeln des Diaphragma.

Fig. 22. *Plagiostomum opisthogonimum.* Weiblicher Geschlechtsapparat. *ag* Atrium genitale; *ge* Germarium; *od* Ovidukt; *sdr* Schalendrüsen; *vi* Vitellarien; * Beginn des unpaaren Ovidukts.

den Distalsack bzw. den ihm entsprechenden Teil des Bulbus „Ductus ejaculatorius" nennt. — Am Insertionsort geht der Penis in eine breite Ringfalte über, die gegen die Umgebung durch ein Längsmuskelseptum abgeschlossen ist. Ich will diese Falte, die wie bei *Pl. lemani* papillenförmig in den männlichen Genitalkanal bzw. das Atrium vorragt, mit Böhmig **Diaphragma** nennen. An der den distalen Abschluß des Distalsackes bildenden Diaphragmawandung findet sich außer der Längs- auch eine Ringmuskelschicht, die sich vom Sacke her auf diese Partie fortsetzt. Sehr auffallend sind 2 kräftige, sphinkterartige Ringmuskeln (Fig. 21 B, *rm*), die im peripheren Teil des Diaphragma, knapp unter dem Muskelseptum gelegen sind. Meines Wissens kommt bei keiner anderen *Plagiostomum*-Spezies etwas Entsprechendes zur Beobachtung. Proximal von diesen Ringmuskeln durchsetzen Drüsenausfuhrgänge das Septum. Es sind das dieselben, die sich zwischen den beiden Muskelschichten des Penis bis gegen dessen Spitze verfolgen lassen. Das Sekret dieser Penisdrüsen (*dr*) färbt sich mit Eosin tief rot und wird in das Lumen des eingestülpten Penis ergossen. Hier bildet es pyramidenförmige, spitze Stacheln, die mit ihrer breiten Basis dem Epithel aufsitzen und denen zweifellos eine beträchtliche Härte eignet. Bei Ausstülpung des Penis kommen diese Stacheln an die Außenseite zu stehen und können so Reiz- und Haftfunktion versehen. Die feinen Stachelreihen, mit denen der Penis der *Alvaëra dioica* (Mecz.) bewehrt ist, sind ganz entsprechende Bildungen. Wir haben bei den Plagiostomiden mithin den seltenen Fall vor uns, daß die Penisarmatur nicht kutikularer, sondern drüsiger Natur ist. — Abweichend von *Pl. lemani* ist bei *Pl. opisthogonimum* auch die Penisscheide (*ps*) mit einem Längsmuskelseptum versehen. Weitere Einzelheiten in der Muskelanordnung mögen aus der Figur (21 *B*) ersehen werden. In der Umgebung der Scheide beobachten wir auch schräg zur Leibeswandung ziehende Muskeln, die dem Bewegungssystem des Kopulationsorganes angehören. — Distal führt ein sehr ansehnlicher, langer, sich rückwärts allmählich verjüngender Gang, das Atrium genitale (*ag*), zur Geschlechtsöffnung. Den proximalen Teil desselben könnte man übrigens mit gutem Rechte auch männlichen Genitalkanal nennen; Andeutungen irgend einer Abgrenzung bestehen jedoch nicht. Die Wandung dieses langen Rohres besteht aus einem mäßig hohen, mit sehr langen Wimpern versehenen Epithel und einer aus Ring- und Längsmuskeln gebildeten Muscularis. Die Cilien des Atrium sind am fixierten Objekt auffallenderweise peniswärts gerichtet. — Am Beginne des letzten Atriumfünftels mündet von oben her der Oviduct, dessen Endabschnitt, der Drüsengang, die Ausfuhrgänge der Schalendrüsen (Fig. 20, *sdr*) empfängt. Die weiblichen Gonaden sind fast ganz auf den Hinterkörper beschränkt; nur bei einem der beiden Individuen erstreckt sich ein schmaler Dotterstockslappen bis gegen den Pharynx nach vorn. Die Germarien (Fig. 22, *ge*), je ein rundlicher Keimzellenhaufen, liegen zu Seiten des Penis, rostral und dorsal von Partien der Dotterstöcke (*vi*) begrenzt. Letztere treten uns in Form unregelmäßig umrissener Haufen von Dotterzellen entgegen. Im Stroma der Keimstöcke, wie vereinzelt auch in dem der Dotterstöcke liegen zahlreiche Spermien; eine vorzeitige Besamung ist jedoch nicht nachweisbar. — Die innen bewimperten Oviducte verzweigen sich innerhalb der Gonaden, wobei sie die Innenfläche der Follikel, in die sie ebensowenig wie bei anderen Cumulaten eindringen, sichtlich bevorzugen. Die Oviductverzweigungen sind unregelmäßig, asymmetrisch und histologisch so beschaffen wie bei *Pl. lemani*. Auch das, was Hofsten über die Verbindung der Oviducte dieser Art mit den Gonaden berichtet, trifft wörtlich zu, sofern man das an den für den Durchtritt der Geschlechtsproducte bestimmten Stellen modifizierte, ausgebreitete Eileiterwandplasma überhaupt Verbindung nennen darf. Der unpaare Endabschnitt (*od*) der Oviducte ist sehr lang; er reicht bis an die mit * (Fig. 22) bezeichnete Stelle nach vorn, erstreckt sich also beinahe durch den ganzen Hinterkörper des Wurmes. Sein Distalabschnitt ist mit Ring- und Längsmuskeln versehen, proximal finden sich nur letztere.

### Plagiostomum opisthogonimum — ein Fingerzeig für die systematische und damit auch tiergeographische Stellung des Plagiostomum lemani (Forel und Du Plessis).

Hofsten kommt (1907, S. 126) auf Grund seiner mustergültigen Darstellung der Anatomie von *Plagiostomum lemani* (Forel & Du Plessis) zu dem Schlusse, daß sich zwischen dieser Form und den marinen *Plagiostomum*-Arten recht durchgreifende Unterschiede ergeben, die gegebenenfalls sogar die Aufstellung einer neuen Gattung für *Pl. lemani* rechtfertigen würden. 1911 leitet derselbe Autor von der angenommenen isolierten Stellung dieser Art Folgerungen für die tiergeographische Stellung derselben ab, gleichzeitig erstere mit noch gesteigertem Nachdrucke verfechtend.

Es ist zweifellos, daß Hofsten damals so handeln durfte und mußte, war er doch betreffs der Anatomie nahezu ausschließlich auf Böhmig (1890) angewiesen, dessen Untersuchungen sich zufällig auf Formen beziehen, die tatsächlich *Pl. lemani* recht ferne stehen.

Nach all dem, was heute über die Anatomie der Plagiostomiden bereits ausgesagt werden kann, läßt sich Hofstens Ansicht jedoch keineswegs mehr ernstlich verfechten, und damit fallen auch die morphologischen Belege für die „alte, konservative" Natur von *Plagiostomum lemani*. Insonderheit *Pl. opisthogonimum* weist Übereinstimmungen der mannigfaltigsten Art auf. Hofsten führt eine Reihe von Merkmalen an, die für *Pl. lemani* seinen marinen Verwandten gegenüber spezifisch sein sollen und auf die sich seine Erwägungen stützen. Es sei gestattet in engstem Anschlusse an Hofsten die Entgegnung vorzubringen.

| Für *Plagiostomum lemani* angeblich spezifische Merkmale: | Bemerkung: |
|---|---|
| 1. Mundöffnung vor dem Gehirn, nahe der vorderen Körperspitze. | 1. *Alvaëra dioica* (Meczn.), *Plagiostomum lutheri* Böhmig, *Pl. drygalskii* Böhmig und *Pl. opisthogonimum* n. sp. zeigen dasselbe. |
| 2. Pharynx sehr groß und muskelreich, langgestreckt tonnenförmig. | 2. Desgleichen bei *Plagiostomum whitmani* Graff, *Pl. drygalskii* Böhmig und *Pl. opisthogonimum* n. sp. |
| 3. Die Pharyngealtasche inseriert an dem vordersten Teil des Pharynx. | 3. Bei *Plagiostomum vittatum* (Leuckart) inseriert sie im vordersten Pharynxviertel. |
| 4. Vier Augen. | 4. Ohne Bedeutung bei der Übereinstimmung in der Retinakolbenzelle mit zweiäugigen Formen. |
| 5. Wimperrinne fehlt. | 5. Desgleichen bei *Pl. drygalskii* Böhmig. |
| 6. Hoden in der vorderen Körperhälfte, vor den Keimstöcken. Zwei lange Vasa deferentia | 6. Vasa deferentia von dem für *Pl. lemani* bezeichnenden Bau kommen allen Plagiostomiden zu. Die angeführte Hodenlage ist eines der wenigen dieser Art eigenen Merkmale. |
| 7. Penis mit einem langen, in einem besonderen Sack eingestülpten Penis. s. str. | 7. Desgleichen bei *Plagiostomum opisthogonimum*; ähnliche Verhältnisse auch bei *Pl. drygalskii* Böhmig. |
| 8. Kokons (wahrscheinlich) ungestielt. | 8. Nach den Atrialdrüsen zu urteilen, dürfte diese Annahme irrig sein und *Pl. lemani* gestielte Eikapseln ablegen. *Pl. opisthogonimum*, dem Atrialdrüsen fehlen, hat übrigens sicher ungestielte Eikapseln, sodaß *lemani*, mag es sich nun so oder so verhalten, keineswegs ohne entsprechendes marines Gegenstück bleibt. |

Rückblickend erkennen wir, daß die für *Pl. lemani* spezifischen Merkmale sehr zusammengeschmolzen sind. Es sind einzig und allein die „Vierzahl der Augen“ und die Lage der Hodenfollikel, Dinge von sehr fragwürdigem, systematischen Werte. Andererseits schließt sich jedoch *Pl. lemani* mit einer Reihe auffallender Organisationszüge, ich erwähne nur Mund und Pharynxbildung und das so sonderbar differenzierte Kopulationsorgan, so innig an marine Formen, speziell *Pl. opisthogonimum* an, daß sich auch mit bestem Willen nichts mehr von einer Sonderstellung erspähen läßt. Wenn ich schließlich noch hinzufüge, daß sogar *Pl. vittatum* (LEUCKART), der Typus der Gattung eine Andeutung von der für *Pl. lemani* und *Pl. opisthogonimum* so bezeichnenden Differenzierung des Kopulationsorganbulbus in Samen- bzw. Sekretblase und Distalsack aufweist und wenn ich bemerke, daß bei ihm der Penis gleichfalls in die letztgenannte Abteilung eingestülpt ist, dann schwindet auch der letzte Schimmer von „Sonderstellung“. *Plagiostomum lemani* (FOREL & DU PLESSIS) ist ein typisches *Plagiostomum*, dessen nächster Verwandter unter Formen, die wie das antarktische *Pl. opisthogonimum* gebaut sind, gesucht werden mag.

Vielleicht ist es kein Zufall, daß die *Pl. lemani* am nächsten stehenden *Pl. drygalskii* BÖHMIG und *Pl. opisthogonimum* n. sp. Kaltwasserbewohner, *Pl. whitmani* GRAFF zumindestens ein Bewohner kühlerer Meere (nordatlantischer Ozean) ist, wohingegen die abweichenderen, von BÖHMIG (1890) bearbeiteten Arten alle aus dem Mediterrangebiet, also warmen Meeren, stammen. Ich betrachte *Pl. lemani* für einen relativ jungen Einwanderer ins Süßwasser und glaube, daß es noch keineswegs seine marinen Wohnstätten vollständig verlassen haben muß. Einen Fingerzeig für letztere Meinung gibt mir die Mitteilung LUTHERS (1918), daß *Pl. lemani* in der Ostsee an der finnischen Küste sehr häufig ist[1]). Ob deshalb jedoch unbedingt ein glaziales Relikt vorliegen muß, scheint mir sehr fraglich; Beweise liegen jedenfalls keine vor. Wahrscheinlich bringt eine Untersuchung der Mündungsgebiete der großen sibirischen Ströme die gewünschte Klärung.

## Der Charakter der antarktischen Turbellarienfauna.

Es ist eigentlich eine Ironie des Schicksals, daß wir nunmehr bereits eine Reihe antarktischer Turbellarien kennen, daß uns jedoch aus dem großen Tropengürtel der Erde, abgesehen von Polykladen, sozusagen gar nichts vorliegt.

Jede Spekulation wäre daher heute weitaus verfrüht, und man muß sich darauf beschränken festzustellen, daß die antarktische Turbellarienfauna im Vergleiche mit derjenigen der europäischen und nord-amerikanischen Meere reich an eigenartigen und teilweise sehr primitiven Formen zu sein scheint. Der „Gauß-“Expedition allein verdanken wir 3 neue Gattungen: *Hypoblepharina*, *Porrocystis* und *Gnosonesima*, von denen mindestens eine: *Gnosonesima* einer neuen Familie eingereiht werden muß. *Hypoblepharina* BÖHMIG, die nach einer Nachuntersuchung MEIXNERS keine Ovarien, sondern Germovitellarien besitzt, könnte eventuell unter den Graffilliden oder Anoplodiiden untergebracht werden. Hoffentlich bringen uns bald neue Expeditionen neues Material.

[1]) Nach Beklemichev kommt es auch in dem andere nordische „Relikten“ bergenden Kaspisee vor.

## Literaturverzeichnis.


BOCK, SIXTEN: 1923. Eine neue marine Turbellariengattung aus Japan. Uppsala Universitets Årsskrift. Mat. och Naturw. I.

BÖHMIG, LUDWIG: 1890. Untersuchungen über rhabdocöle Turbellarien, II, *Plagiostomina* und *Cylindrostomina* v. GRAFF. Zeitschr. f. wiss. Zoolog. Bd. 51.

—, 1906. Tricladenstudien. I. *Tricladida maricola.* Zeitschr. f. wiss. Zool. Bd. 81.

—, 1908. Turbellarien. Rés. du Voyage du S. Y. Belgica; Rapp. scient. Zool. Anvers.

—, 1914. Die rhabdocölen Turbellarien und Tricladen der Deutschen Südpolar-Expedition 1901—1903. Diese Publikationsserie.

GAMBLE, F. W.: 1893. Contributions to a Knowledge of British marine *Turbellaria.* Quart. Journ. of micr. sc. (N. S.) 34 v. 4.

GRAFF, LUDWIG v.: 1904—1908. *Turbellaria.* Bronns Klass. u. Ordn. Bd. 4, Abt. 1 c.

HOFSTEN, NILS v.: 1907. Zur Kenntnis des *Plagiostomum lemani* (FOREL & DU PLESSIS). Zool. Studier tilgnade T. Tullberg. Uppsala.

—, 1911. Zur Kenntnis der Tiefenfauna des Brienzer und des Thuner Sees. Arch. f. Hydrob. u. Planktonk. Bd. 7.

—, 1918. Anatomie, Histologie und systematische Stellung von *Otoplana intermedia* DU PLESSIS. Zool. Bidrag från Uppsala, Bd. 7.

LUTHER, A.: 1918. Vorläufiges Verzeichnis der rhabdocölen und alloeocölen Turbellarien Finnlands. Meddelanden af Soc. pro Fauna et Flora fennica N. 44.

MEIXNER, J.: 1924. Studien zu einer Monographie und zum System der *Turbellaria rhabdocoela.* Zool. Anz. Bd. 60.

—, 1925. Beitrag zur Morphologie und zum System der *Turbellaria rhabdocoela.* I. Die *Kalyptorhynchia.* Zeitschr. f. Morph. u. Ökol. d. Tiere.

REISINGER, ERICH: 1922. Untersuchungen über Bau und Funktion des Exkretionsapparates bei rhabdocölen Turbellarien. Zool. Anz. Bd. 54.

—, 1923. *Protomonotresis centrophora* n. gen. n. sp., eine Süßwasseralloeocöle aus Steiermark. Zool. Anz. Bd. 58.

—, 1924. Zur Anatomie von *Hypotrichina* (= *Genostoma*) *tergestina Cal.*, nebst einem Beitrag zur Systematik der Alloeocölen. Zool. Anz. Bd. 60.

STEINBÖCK, OTTO: 1924 a. Eine neue Gruppe alloeocöler Turbellarien: *Alloeocoela typhlocoela.* Zool. Anz. Bd. 58.

—, 1924 b. Die Bedeutung der *Hofstenia atroviridis* BOCK für die Stellung der Alloeocoela im System der Turbellarien. Zool. Anz. Bd. 59.

—, 1924 c. Untersuchungen über die Geschlechtstrakt-Darmverbindung bei Turbellarien. Zeitschr. f. Morph. u. Öcol. d. Tiere Bd. 2, H. 3/4.

STEINBOECK and REISINGER: 1924. On *Prorhynchus putealis* HASWELL, with a description of a new species of the genus. Quart. Journ. of Micr. sc. Vol. 68, P. III.

WESTBLAD, EINAR: 1923. Zur Physiologie der Turbellarien. Lunds univ. Årsskrift. N. F. Avd. 2, 18, No. 6.

Hinsichtlich der übrigen, vornehmlich nomenklatorisch wichtigen Literatur verweise ich auf die Verzeichnisse in: GRAFF, L. v.: *Turbellaria.* II. *Rhabdocoelida.* Das Tierreich, 35. Lief. Berlin 1913.

# DIE CAPRELLIDEN

UND

# NEOXENODICE CAPRELLINOIDES N. G. N. SP.

DER

# DEUTSCHEN SÜDPOLAR-EXPEDITION 1901—1903

VON

A. SCHELLENBERG
(BERLIN)

MIT 3 ABBILDUNGEN IM TEXT

1926

## Systematischer Teil.

### Phtisica Slabber

### Phtisica marina Slabber

1882. *Proto ventricosa* Mayer, Fauna und Flora Neapel. VI. Caprelliden, p. 22 Taf. 1 Fig. 1 usw.
1890. „ „ „ Fauna und Flora Neapel. VII. Nachtrag p. 12 Taf. 3 Fig. 4—6 usw.
1895. *Phtisica marina* Sars, Acc. Crust. Norway Bd. 1 p. 646 Taf. 233.
1903. *Proto ventricosa* Mayer, Siboga Exp. 34 Caprellidae p. 20 Taf. 6 Fig. 23.
1916. *Phtisica marina* Chevreux & Fage, Faune France Bd. 9 p. 434 Fig. 422.

Juli 1903. Simons Bay. Stellnetz. 10 Expl. 4—5 mm.

### Aeginoides n. g.

Geißel der II. Antenne mit mehr als 2 Gliedern. Mandibel ohne deutlichen Kauhöcker. Palpus 3 gliedrig. III. Glied lanzettlich. Innenlade des Maxillarfußes breit mit mehreren Endstacheln. Außenlade schmal und kurz. Kiemen am III. und IV. Mesosomsegment. III. Pereiopod eingliedrig. IV. Pereiopod auf eine ungegliederte Lamelle reduziert. V. Pereiopod 4 gliedrig, normal geformt. Abdomen mit 2 Paar 2 gliedrigen, griffelförmigen Extremitäten.

### Aeginoides gaussi n. sp.

Fig. 1

8. 2. 03, 65° 59′ S. 89° 33′ O. Twist 350 m, 3 Expl. 8,5—12 mm.

Der Kopf und das Integument des langgestreckten Körpers ist glatt, nur das II. Mesosomsegment bildet unten am Vorderrande je eine zahnartige Ecke. Der Kopf ist blasenförmig. Die runden Augen sind bei den konservierten Tieren pigmentlos, lassen aber zahlreiche Kristallkegel erkennen. Ihr Durchmesser ist etwas größer als der des Basalgliedes der I. Antenne. Die Länge des II. : III. : IV. : V. : VI. Mesosomsegment verhält sich wie 3 : 6 : 6 : 7 : 6. Das letzte Mesosomsegment endet unten distal mit einer kurzen, etwa rechteckigen, quer gestellten Platte, deren Hinterrand konkav gebogen ist.

Das Basalglied der I. Antenne ist etwas stärker, aber kaum halb so lang wie das lange II. Glied. Das III. Glied ist $^3/_4$ so lang wie das II. Die Geißel ist 9 gliedrig. Das I. Geißelglied ist fast so lang wie die 4 folgenden zusammen. Es trägt an seiner Unterseite in bestimmten Abständen 4 Sinnesborsten. Gliedlänge wie Borstenanordnung lassen darauf schließen, daß dieses I. Geißelglied mit zunehmendem Wachstum weiter aufgeteilt wird. Die Geißel ist etwas kürzer als der Stiel. Die II. Antenne reicht etwa bis zum Ende des II. Stielgliedes der I. Antenne. Das vorletzte

Stielglied ist etwas kürzer als das letzte. Die 4 gliedrige Geißel ist kürzer als die beiden letzten Stielglieder.

Die Hauptschneide der Mandibel ist kräftig gezähnt. Die Nebenschneide ist an beiden Mandibeln etwa ebenso breit wie die Hauptschneide. Rechts spaltet sie sich in 3 meißelartige Zähne von verschiedener Breite, links (Fig. 1 a) trägt der Hauptteil 8 scharfe Zähne. Auf ihn folgen nach innen 2 meißelartige Schneiden, jede etwas schmäler als die vorhergehende. Die Stachelreihe besteht aus 4—5 Stacheln. Ein deutlicher Kauhöcker fehlt. Das II. Palpusglied ist etwa so lang wie das lanzettliche III., das an seinem einen Rande 8 Borsten trägt, von denen die proximale

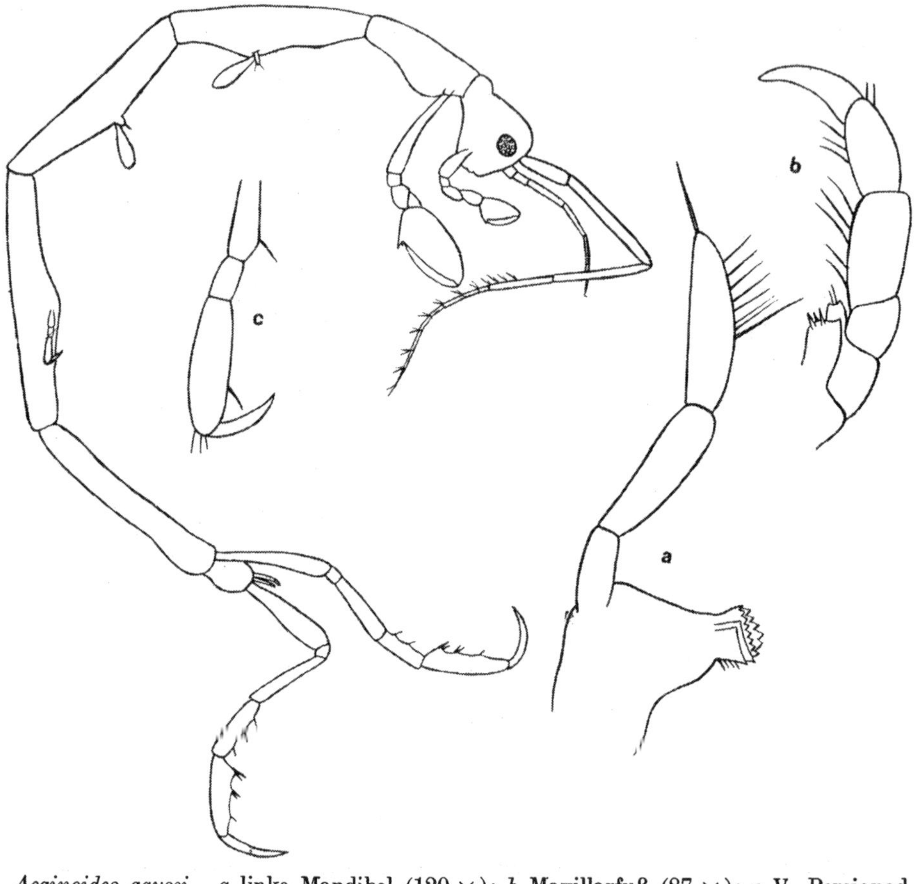


Fig. 1. *Aeginoides gaussi.* *a* linke Mandibel (120 ×); *b* Maxillarfuß (87 ×); *c* V. Pereiopod (45 ×).

Borste die folgenden an Länge übertrifft und hierin der Borste an der Gliedspitze gleichkommt. Die Außenlade der I. Maxille trägt wie gewöhnlich 6 Endstacheln. Auch sonst bietet die I. Maxille nichts Besonderes. An der II. Maxille ist die Innenlade bedeutend kürzer, aber ebenso breit wie die Außenlade. Beide Laden tragen distal 5 Borsten. Die Innenlade des Maxillarfußes (Fig. 1 b) reicht bis zur Hälfte des I. Palpusgliedes. Distal ist sie abgestutzt. Ihre distale Außenecke ist zahnartig scharf. Die innere Hälfte des distalen Randes trägt 3 verschieden starke Stacheln. Die Außenlade ist schmäler. Sie erreicht nicht das Ende des I. Palpusgliedes. Ihr Außen- und Innenrand enden mit einem kleinen Zahn. Zwischen diesen beiden Zähnen entspringen eine lange und eine kurze Borste. Weitere Borsten stehen am Innenrande. An dem kräftigen Palpus ist das I. Glied halb so lang wie das II. Das III. Glied ragt innen schuppenartig über die Basis des abgestumpften Dactylus hinaus.

Die Form der Gnathopoden ist aus dem Habitusbild ersichtlich. Die Innenseite des Metacarpus des I. Gnathopoden trägt nahe dem Vorderrande 3 Querreihen von Borsten. Der II. Gnathopod entspringt vorn an seinem Mesosomsegment. Um die Einschlaggrube der Palma stehen 3 Stacheln. Der Palmarand trägt 2 Stachelreihen. Der III. Pereiopod ist auf ein spatelförmiges, mit 2 Endborsten besetztes kleines Glied reduziert. Bei den kleinen Exemplaren ist es länger als bei den größeren. Am IV. Mesosomsegment ersetzt eine kleine, abgerundet dreieckige Lamelle, an deren Ende eine Borste steht, den Pereiopoden. Es liegt hier der nicht häufige Fall vor, daß das III. und IV. Pereiopodenpaar in ihrer Ausbildung von einander abweichen, wie dies auch für *Dodecas* zutrifft. Der V. Pereiopod (Fig. 1 c) ist zwar normal geformt, aber sehr kurz. Von ihm läßt das I. Glied durch seine Form sowie eine Borste am distalen Teil die Verschmelzung aus 2 Gliedern noch erkennen. Das keulenförmige III. Glied ist so lang wie das I. + II. Es trägt am distalen Drittel seines Vorderrandes eine Borste. Der VI. und VII. Pereiopod sind sowohl in ihrem Bau wie in ihrer Größe einander ähnlich, doch ist der Carpus des VII. Pereiopoden länger und außerdem trägt sein Vorderrand 3 Stacheln anstatt 2. Der Metacarpus beider Beinpaare verbreitert sich zunächst bis zu einem Stachelpaar, gegen das sich die Spitze des Dactylus einschlägt. Es folgt dann ein Stachelpaar in kürzerem und ein Einzelstachel in weiterem Abstand.

Irgend welche Geschlechtsorgane konnte ich nicht erkennen. Gonaden waren nicht festzustellen, ebenso wenig die Mündungen der Ausführgänge, doch sind die männlichen Geschlechtsöffnungen gerade bei dieser Gruppe nur schwer sichtbar. Über das Geschlecht der Tiere vermag ich daher keine Angaben zu machen.

Die 2 Paar Abdominalbeine sind 2 gliedrig, stabförmig. Das I. Paar ist fast so lang wie das letzte Mesosomsegment. Das I. Glied ist bei dem größten Exemplar 4 mal, bei den kleineren Exemplaren 3 mal so lang wie das II. Das II. Paar reicht nicht ganz bis an das Ende des Basalgliedes des I. Paares. Das Längenverhältnis der beiden Glieder entspricht dem des vorhergehenden Paares.

Das Berliner Museum besitzt ein 4 mm großes Exemplar von Süd-Viktoria-Land aus der Mc.-Murdo-Bucht.

### **Caprellinoides** Stebbing

### **Caprellinoides antarctica** n. sp.

Fig. 2.

Gauß-Station 66° 2′ S. 89° 38′ O. 24. 11. 02 Reuse 1 ♀ ohne Brutlamellen 6 mm. 8. 2. 03, 65° 59′ S. 89° 33′ O. 350 m 1 ♂ 11 mm, 1 ♀ mit Embryonen 7 mm, 2 juv. 2,5 und 3 mm.

Fundnotiz: 24. 11. 02 *Caprellinoides*, weiß an bräunlichem rauh behaartem *Nymphon* sitzend und von selbst abgefallen.

Männchen:

Der Kopf ist kugelig. Er ist durch eine deutliche Nackenfurche von dem mit ihm verschmolzenen I. Mesosomsegment abgesetzt. Das kleine runde Auge ist beim konservierten Material pigmentlos, es besitzt aber mehrere Kristallkegel. Das II, III. und IV. Mesosomsegment ist vorn seitlich in je einen scharfen Zahn ausgezogen, sonst ist der Körper glatt. Die Länge des II. : III. : IV. : V. : VI. Mesosomsegment verhält sich wie 22 : 50 : 77 : 100 : 45. Der Hinterrand des VII. Mesosomsegmentes trägt unten nahe der Mitte die spitz zulaufenden Penes. (Fig. 2 a)

Die I. Antennen sind doppelt so lang wie die II. Der Stiel der I. Antenne ist etwas kürzer als die 8 gliedrige Geißel. Die Länge der Stielglieder verhält sich wie 3 : 4 : 2. An der Unterseite jedes Geißelgliedes steht distal ein Sinneskolben. Der Ausführgang der Antennendrüse ist lang und spitz. Das IV. und V. Stielglied der II. Antenne sind etwa gleich lang. Die Geißel ist 4 gliedrig und etwas kürzer als die beiden letzten Stielglieder zusammen.

Die Oberlippe ist rundlich. Ihr Hinterrand ist tief eingebuchtet. Die Hauptschneide der Mandibel ist kräftig gezähnt. Die Nebenschneide ist etwa gleich breit. Sie ist an der linken Mandibel

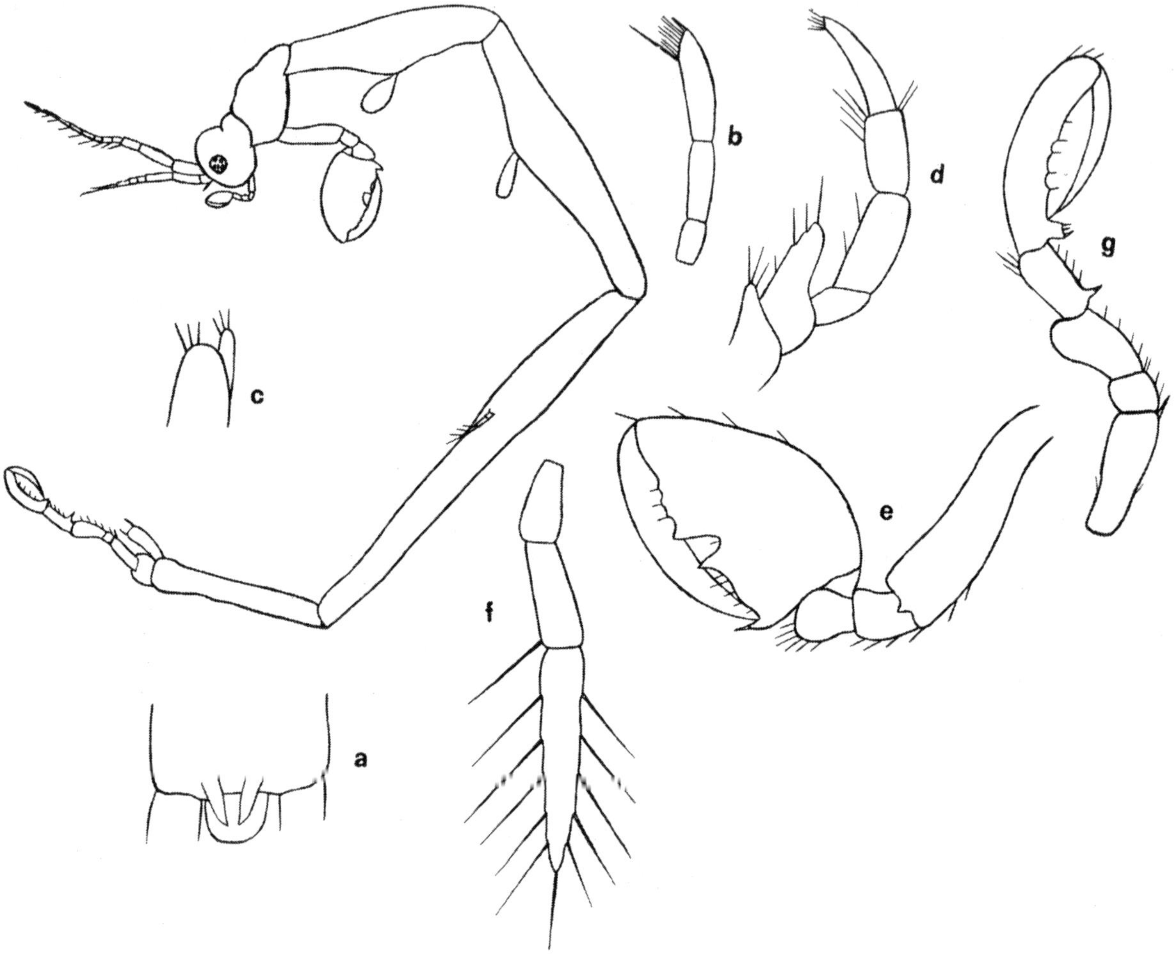


Fig. 2. *Caprellinoides antarctica* ♂. *a* Ende des VII. Mesosomsegmentes (60 ×). *b* Mandibelpalpus (120 ×). *c* II. Maxille (120 ×). *e* II. Gnathopod (33 ×). *f* V. Pereiopod (120 ×). *g* VII. Pereiopod (33 ×).

ähnlich gezähnt wie die Hauptschneide. An der rechten Mandibel ist sie ungezähnt, mit scharfen Ecken. Das II. Palpusglied (Fig. 2 b) ist $^3/_4$ so lang wie das III. Das rundlich zugespitzte III. Glied trägt distal einen kurzen, stiftförmigen Stachel, davor 6 Borsten, von denen die proximale doppelt so lang ist wie die folgenden, d. h. über halb so lang wie das III. Palpusglied. An der Außenlade der I. Maxille stehen 6 Endstacheln. Das I. Glied des Palpus ist nicht halb so lang wie das II. Die Außenlade der II. Maxille (Fig. 2 c) überragt die Innenlade, ist aber nur halb so breit. Beide Laden tragen innen distal je 3 Borten. Das IV. Palpusglied des Maxillarfußes (Fig. 2 d) ist distal schräg abgestutzt und hier fein beborstet. Im übrigen gleichen die Mundteile denen von *C. tristanensis* (Challenger Taf. 141).

Der Merus des I. Gnathopoden ist hinten distal winklig abgerundet. Die gerade Palma des Metacarpus ist doppelt so lang wie der Hinterrand, mit dem sie einen Winkel von etwa 110$^0$ bildet und von dem sie durch 2 kräftige Einschlagdornen getrennt ist. Der Dactylus läuft in 2 übereinander stehende Spitzen aus. Der II. Gnathopod (Fig. 2 e) entspringt vorn am II. Mesosomsegment. Die Basis ist kaum länger als der Metacarpus. Distal an der Außenseite trägt sie einen kleinen Zahn. Ischium und Merus sind etwa gleich lang. Letzterer ist hinten abgerundet. Der annähernd ovale Metacarpus zeigt eine Palma, die durch eine tiefe Einbuchtung in 2 etwa gleich breite Lappen zerfällt: einen basalen Lappen, der an beiden Enden in einen spitzen Zahn ausläuft, sonst aber eine nur leicht geschwungene Kante aufweist und einen distalen, etwa dreieckigen Lappen, der mit einem größeren Zahn beginnt, an den sich etwa 3 kleine Zähne anschließen. Der Zahn der Palmarecke trägt einen Stachel. Im übrigen ist die Beborstung des Metacarpus nur gering. Der Dactylus ist einspitzig. Der V. Pereiopod (Fig. 2 f) inseriert etwas vor der Mitte des IV. Mesosomsegmentes. Er ist nicht ganz so lang wie der Durchmesser des Segmentes an dieser Stelle. Sein I. und II. Glied sind distal etwas verdickt. Das I. Glied ist $^2/_3$ so lang wie das II. Beide Glieder tragen distal am Vorderrande eine Borste. Das lanzettliche III. Glied ist doppelt so lang wie das II. Es trägt jederseits und an der Spitze mehrere lange Borsten und hat etwa das Aussehen eines Pleopodenastes der Gammariden. Die VI. Pereiopoden sind abgebrochen. Die Basis des VII. Pereiopoden (Fig. 2 g) ist etwa so lang wie das Ischium + dem Merus. Sie trägt vorn distal einen Stachel. Der Vorderrand von Ischium und Merus ist kurz beborstet. Der Merus nimmt distalwärts an Stärke zu. Der Vorderrand des Carpus trägt proximal einen konischen Höcker, von dem ein kräftiger Stachel entspringt. Der in seinem ganzen Verlauf etwa gleich starke Metacarpus ist leicht gebogen und so lang wie der Merus + Carpus. Basal am Vorderrand erhebt sich ein stumpfer Höcker, auf dem ein kräftiger und 2 feinere Stacheln sitzen. Weiter trägt der Vorderrand noch etwa 4 kleine, zahnartige Erhebungen mit je einem feinen Stachel. Der große Dactylus reicht mit seiner Spitze bis an den Basalhöcker des Metacarpus.

Das kurze Abdomen ließ keinerlei Anhänge erkennen.

Die Kiemensäcke sind klein.

Weibchen:

Das geschlechtsreife ♀ zeigte folgende Abweichungen: Die Vorderecken des II.—IV. Mesosomsegments sind nicht scharf ausgezogen. Die Länge des II. : III. : IV. : V. : VI. Mesosomsegment verhält sich wie 15 : 28 : 41 : 74 : 37. Das VI. Segment ist daher wesentlich länger als das III. und nicht kürzer wie bei *C. tristanensis*. Der Stiel und die Geißel der I. Antenne sind gleich lang. Die Geißel ist 6 gliedrig und trägt keine Sinneskolben, sondern an ihrer Stelle nur 1—2 Borsten. Die Geißel der II. Antenne ist; wie von STEBBING für *C. tristanensis* gezeichnet, 2 gliedrig und so lang wie das V. Stielglied. Der II. Gnathopod entspricht dem von *C. tristanensis*. Der V. Pereiopod inseriert am Ende des ersten Drittels seines Mesosomsegmentes. Zwischen dem V. Pereiopodenpaar wölben sich die Oviduktmündungen hügelartig vor.

Bei den beiden jungen Exemplaren ist das I. Glied des V. Pereiopoden fast so lang wie das II. und letzteres $^2/_3$ so lang wie das III. Glied. Bei dem einen jungen Tier läßt sich außen über jeder Kieme eine kleine, borstentragende Lamelle erkennen, die wohl den letzten Rest der Pereiopoden bildet.

Als Hauptunterscheidungsmerkmal gegenüber dem verstümmelten ♀ von *C. tristanensis*, das STEBBING (1888) beschreibt und MAYER nachgeprüft hat, ist anzuführen: das Ende des Mandibel- und Maxillarfußpalpus, der Bau des V. Pereiopoden und die Länge des VI. Mesosomsegmentes. Beide Arten stehen sich sehr nahe.

### Caprella LAMARCK

#### Caprella aequilibra SAY

1882. MAYER, Fauna und Flora Neapel. VI. Caprelliden p. 45 Taf. 1 Fig. 7 usw.
1890. „ Fauna und Flora Neapel. VII. Nachtrag p. 48 Taf. 2 Fig. 42 u. 43 usw.
1895. SARS, Acc. Crust. Norway Bd. 1 p. 663 Taf. 238 Fig. 3.
1903. MAYER, Siboga-Exp. 34 Caprellidae p. 89 Taf. 3 Fig. 29—34 usw.
1925. CHEVREUX & FAGE, Faune France Bd. 9 p. 455 Fig. 433.

$16^{0}$ 54′ S. $19^{0}$ 47′ W. 17. 10. 01 vom Schiff abgekratzt. 15 juv. u. ♂ 4—10 mm, 5 ♀ mit leerem Brutraum 4,5—6 mm, 3 ♀ mit Embryonen 5 mm.

St. Helena 1. 9. 03 vom Schiff abgekratzt. 6 juv., 6 ♂ 10—18 mm 2 ♀ mit Embryonen 6,5—9 mm. $17^{0}$ 28′ N. $29^{0}$ 42′ W. 9. 10. 03 Vert. 0—3000 m 1 juv. 3 mm, 2 ♀ mit leerem Brutraum 4 mm, 2 ♂ 5—7 mm.

### Allgemeiner Teil.

Die Arktis weist verschiedene Caprelliden auf, die teils arktisch boreale, teils rein arktische Verbreitung haben. Nur die primitive Gattung *Cercops* ist ihr eigen. Das nordpolare Gebiet hat also nicht zur Herausbildung neuer Gattungen, sondern nur zur Erhaltung einer sehr ursprünglich gebauten Gattung geführt. Ein Teil der arktischen Arten gehört zur kosmopolitischen Gattung *Caprella*. Außer ihr finden sich noch einige Gattungen, die zwar auf die nördliche Hemisphäre, nicht aber auf die Arktis beschränkt sind.

In die Subantarktis stößt die Gattung *Caprella* nur mit *C. penantis* (STEBBING 1914) auf dem amerikanischen Festland und den benachbarten Falkland-Inseln vor. Außer dieser Gattung sind in der Subantarktis noch 4 Gattungen festgestellt. *Dodecas*, *Protellopsis*, *Caprellinoides* und *Piperella*. Das Vorkommen von *Protellopsis* ist durch den Fund von *Pr. stebbingii* (Pearse 1908) im Golf von Mexico und bei den Bermudas (Kunkel 1910) bis auf die nördliche Halbkugel erweitert. Die Gattungen *Dodecas*, *Caprellinoides* und *Piperella* bleiben aber nach unserer jetzigen Kenntnis innerhalb der südlichen Halbkugel. *Dodecas*, zuerst für eine Art der Kerguelen aufgestellt, sendet nach STEBBING (1910) einen Ausläufer bis nach Nordaustralien. *Caprellinoides* überschreitet dagegen nach Norden nicht das notale Gebiet. Von seinen 3 Arten wurde der Typus *C. tristanensis* bei Tristan da Cunha gefunden. *C. mayeri* (PFEFFER 1888) stammt von Südgeorgien. Die dritte Art bildet die von mir neu aufgestellte *C. antarctica*. *Piperella* (MAYER 1903) ist bisher nur von Südgeorgien beschrieben.

Aus der Antarktis kannte man bis jetzt keine Caprelliden. Von den 2 neuen Arten der Deutschen Südpolar-Expedition gehört die eine der Gattung *Caprellinoides*, die andere einer eigenen und somit endemischen Gattung an, die ich *Aeginoides* genannt habe.

Was nun die verwandtschaftlichen Beziehungen untereinander der 6 im Südpolargebiet — Antarktis und Subantarktis zusammengefaßt — vertretenen Gattungen anbelangt, so möchte ich zunächst darauf hinweisen, daß viele Gattungscharaktere keine oder doch nur geringe genetische Bedeutung haben, denn ein großer Teil von ihnen bezieht sich auf die in Rückbildung begriffenen Kiemen, Mandibularpalpen, mittleren Pereiopoden und Abdominalbeine. Die Rückbildung dieser Organe zeigt aber, worauf schon MAYER (1903 p. 154) hinwies, keine einheitliche Linie, sondern es finden sich die verschiedensten Kombinationen. Was aber für die Reihenfolge der Rückbildungen bestimmend ist, und wie demgemäß die einzelnen Rückbildungskombinationen phylogenetisch zu werten sind, das ist noch unbekannt. Zur Feststellung der verwandtschaftlichen Beziehungen müssen daher, wie bei den Gammariden, in erster Linie die Mundgliedmassen herangezogen werden, denn sie werden bei der gleichförmigen Lebensweise dieser sehr spezialisierten Familie zäh die ursprünglichen Charaktere wahren, selbst wenn Kiemen, Pereiopoden und Abdominalbeine ihrer Rückbildungstendenz in ganz verschiedener Weise gefolgt sind. Die aus der Betrachtung der Mundteile gewonnenen Ergebnisse sind dann durch die übrigen Merkmale zu ergänzen. Auf diese Weise läßt sich auch ein Anhalt gewinnen, welcher genetische Wert den der Rückbildung unterworfenen Organen zukommt. Gehen wir derartig vor, so zeigt sich, daß *Caprella* nur ein Eindringling im Südpolargebiet ist, den keine nähere Verwandtschaft mit den dortigen Gattungen verknüpft. Seine tasterlose aber mit großem Kauhöcker versehene Mandibel stellt ihn außerhalb der übrigen Gattungen, denn einen Kauhöcker besitzt sonst nur noch *Protellopsis*, die aber durch das Vorhandensein eines 3 gliedrigen Palpus und langer Abdominalbeine weit von *Caprella* abrückt, ihr jedoch von den südpolaren Vertretern am nächsten steht. Mit letzteren zeigt *Protellopsis*, ihrer Mandibel und den Laden des Maxillarfußes nach zu schließen, keine nähere Verwandtschaft, und dieses Ergebnis wird durch die vollgliedrige Ausbildung des V. Pereiopoden sowie die Entwicklung der 2 Paar Abdominalbeine gestützt, deckt sich auch mit der weiten Verbreitung der Gattung, die eine Einwanderung in die Subantarktis wahrscheinlich macht.

Im Gegensatz zu MAYER liefert meine Betrachtungsweise keine Verbindung von *Dodecas* mit *Caprella*, wohl aber eine sehr enge, mit der neuen antarktischen Gattung *Aeginoides*. Zwar besitzt *Dodecas* 3 Paar Kiemen, einen schwachen, aber vollgliedrigen III. Pereiopoden und ein beinloses IV. Mesosomsegment, während *Aeginoides* nur 2 Paar Kiemen und am III. und IV. Mesosomsegment kurze Beinstummel aufweist, aber die Mundteile stimmen so weitgehend überein, daß die Zusammengehörigkeit der beiden Gattungen nicht bezweifelt werden kann. Als solche Übereinstimmungen hebe ich besonders hervor: die Vielschneidigkeit der kauhöckerlosen Mandibel mit ihren breiten, gezähnten Schneiden außen und ihren schmäleren, meißelförmigen innen, die Beborstung des III. Palpusgliedes, die Form, Bewehrung und Größe der Laden des Maxillarfußes, sowie das über die Basis des Endgliedes greifende III. Palpusglied. Hierzu gesellen sich die vielgliedrige Geißel der II. Antenne, ein 4 gliedriger, normal geformter V. Pereiopod und der Besitz von 2 Paar griffelförmigen, langen, 2 gliedrigen Abdominalbeinen. Aber nicht nur die enge Verwandtschaft der beiden Gattungen läßt sich aus ihrem Bau erklären, sondern er wirft gleichzeitig auch Licht auf die Bewertung der einer Reduktion unterliegenden Organe. Hiernach scheint, so wenig sich das mit den Verhältnissen bei den Gammariden deckt, die Gliedzahl der II. Antennengeißel, die seit langem in der Gattungsdiagnose verwendet wird, wirklich eine genetische Bedeutung zu haben. Immerhin ist dies nicht bewiesen, da die II. Antenne Sinnesfunktion ausübt, ihre Ausbildung daher durch äußere Einflüsse geregelt werden kann und demgemäß ähnliche äußere Verhältnisse auch eine ähnliche Entwicklung bewirken können. Jedenfalls hängt die mehrgliedrige Geißel nicht mit spezifisch südpolaren Bedingungen zusammen, denn sie findet sich bei Gattungen aller Zonen.

Muß ich die Frage nach der Bedeutung der Geißelgliedzahl unter Berücksichtigung der Verhältnisse bei den übrigen Amphipoden noch offen lassen, so scheint mir der genetische Wert des V. Pereiopoden und der Abdominalbeine durch das Verhalten der beiden Gattungen bestätigt. Obgleich *Aeginoides* eine stärker rückgebildete Art ist, wie sich aus den III. und IV. Pereiopoden und der Kiemenzahl ersehen läßt, so stimmen doch die V. Pereiopoden und die Abdominalbeine mit denen von *Dodecas* überein, sie stellen also ältere Charaktere dar, während die Abänderung der III. und IV. Pereiopoden und der Kiemenzahl erst jüngeren Datums sind.

Keine so enge Verwandtschaft wie bei *Dodecas* und *Aeginoides* aber ebenfalls noch unverkennbare genetische Beziehungen lassen sich für die beiden letzten südpolaren Gattungen *Caprellinoides* und *Piperella* feststellen. Ein tiefgehender Unterschied, der den Abstand der beiden Gattungen deutlich sichtbar macht, ist die Zweigliedrigkeit des Mandibelpalpus von *Piperella*. Sonst zeigen die Mundwerkzeuge übereinstimmenden Bau. Das gleiche gilt für die V. Pereiopoden und die fast vollständig fehlenden Abdominalbeine, ferner auch für die Form der Penes, die ebenfalls genetische Bedeutung zu haben scheint. Bei *Dodecas* und *Aeginoides* konnte sie nicht verglichen werden, da das Geschlecht meiner Exemplare von *Aeginoides* nicht zu ermitteln war.

Wir haben somit im Südpolargebiet 4 Caprellidenzweige. Der eine, *Caprella*, reicht nur eben mit der Spitze über seine Nordgrenze hinüber. Der zweite, *Protellopsis*, erstreckt sich von den Bermudas bis in die Subantarktis. Der dritte, *Dodecas-Aeginoides*, geht vom tropischen Australien bis zum antarktischen Schelf. Der vierte Zweig, *Caprellinoides-Piperella*, bleibt innerhalb der Antarktis und Subantarktis. Die beiden letzten Zweige stellen somit die antarktischen Vertreter. Eine nähere Verwandtschaft besteht jedoch zwischen diesen Zweigen nicht und es muß die Frage aufgeworfen werden, wo sind ihre Verwandten zu suchen?

Der *Dodecas*-Zweig konnte, wie das auch MAYER (1903 p. 154) für die Gattung annimmt, nur aus einer *Phtisica*-ähnlichen Wurzel entspringen. *Phtisica* zeigt schon rein äußerlich durch das Vorhandensein von 7 Paar wohl entwickelten Pereiopoden und 3 Paar Kiemen ihre primitive Stellung. Sie lebt vielfach pelagisch und ist sowohl im Nordatlantik wie am Kap gemein, erfüllt somit in ihrer Verbreitung und in ihrer Lebensweise noch heute Bedingungen, die eine Abzweigung südpolarer Äste ermöglichen. Vor allem aber stimmen die Mandibeln und die Abdominalbeine genau mit dem *Dodecas*-Zweig überein. Die Maxillarfüße zeigen einen ähnlichen Bau wie bei diesen, wenn sie sich bei dem großen Abstand der primitiven Gattung auch nicht so vollständig gleichen wie bei *Dodecas* und *Aeginoides*. Aber auch die andern als genetisch wichtig erkannten Merkmale fügen sich gut in das Bild ein. Die Geißel der II. Antenne ist mehr als 2 gliedrig, der normal geformte V. Pereiopod ist bereits nach Größe und Gliedzahl reduziert. Penes fehlen.

Die engeren Verwandten der *Phtisica*-Gruppe mit 2 Paar gut ausgebildeten Abdominalbeinen in beiden Geschlechtern: *Protomima*, *Protoplesius*, *Paraproto*, *Caprellinopsis* und *Hircella* gehören bis auf *Protomima*, die auch im Nordatlantik und Nordpazifik vertreten ist, der südlichen Hemisphäre an. Die Gattungen der nördlichen Hemisphäre sind wenig zahlreich und stärker rückgebildet. Wir haben es also bei der *Phtisica*-Gruppe mit Gattungen zu tun, deren Angehörige über die tropischen und gemäßigten Zonen beider Hemisphären verbreitet sind, die sich aber in den südlichen Tropen besonders reich entwickelt haben und die auch 2 Gattungen, *Dodecas* und *Aeginoides*, südpolwärts sandten, von denen die letztere den antarktischen Schelf erreichte und, ihrer stärkeren Rückbildung nach zu schließen, jünger als *Dodecas* ist.

Wesentlich unsicherer sind die verwandtschaftlichen Beziehungen des *Caprellinoides*-Zweiges, da von vielen der in Betracht kommenden Gattungen die Mundteile, Abdominalbeine und Copulationsorgane nicht genügend bekannt sind. Möglicherweise haben seine Vorfahren eine *Aciconula*-ähnliche Stufe durchlaufen, doch fehlen auch von *Aciconula* noch mehrere Daten, um gut fundierte Angaben machen zu können.

Nicht nur für die Erweiterung unserer Kenntnis der antarktischen Caprelliden sind die Gauß-Fänge wichtig, sondern auch für die Beurteilung der Fangmethoden. Während des fast einjährigen Festsitzens im Eise ist mit dem Twist kein Caprellide, mit der Reuse ein einziges Exemplar von *Caprellinoides antarctica* erbeutet worden. Am 8. 2. 03, dem Tage, an dem die Trift des Gauß begann, brachte der Twist aus etwa der gleichen Tiefe beide antarktische Arten in mehreren Exemplaren herauf. Dieses Ergebnis kann nur darauf beruhen, daß an der Gauß-Station der Twist auf dem Meeresboden ruhte, während er am 8. 2. 03 auf dem Boden schleifte. Diese letztere Methode hat einen ganz erstaunlich reichen Fang gezeitigt. Sie lieferte an Amphipoden:

*Waldeckia obesa* (CHEVREUX).
*Tryphosa intermedia* SCHELLBG.
*Lepidepecreella ctenophora* SCHELLBG.
*Stegocephaloides vanhöffeni* SCHELLBG.
*Gitanopsis inaequipes* SCHELLBG.
*Gitanopsis simplex* SCHELLBG.
*Leucothoe spinicarpa* (ABILDG.)
*Prometopa tuberculata* SCHELLBG.
*Metopella similis* SCHELLBG.
*Metopoides heterostylis* SCHELLBG.
*Proboloides typica* (WALKER).
*Colomastix fissilingua* SCHELLBG.
*Iphimedia microdentata* SCHELLBG.
*Iphimediella sexdentata* SCHELLBG.
*Epimeria macrodonta* WALKER.
*Melphidippa antarctica* SCHELLBG.
*Eusirus antarcticus* THOMSON.
*Leptamphopus novae zealandiae* (THOMSON).
*Harpinioidella fissicauda* SCHELLBG.
*Prostebbingia gracilis* (CHEVREUX).
*Eurystheus parvus* SCHELLBG.
*Eurystheus triodon* SCHELLBG.
*Podocerus septemcarinatus* SCHELLBG.
*Aeginoides gaussi* n. sp.
*Caprellinoides antarctica* n. sp.

also über $^1/_3$ der vom Gauß auf dem antarktischen Schelf erbeuteten, benthonischen Arten.

## Anhang.

Unter dem Caprelliden-Material der Gauß-Expedition befand sich noch ein Tiefsee-Gammaride, den ich hier nachtrage.

### Neoxenodice n. g.

Körper lang gestreckt. I.—IV. Mesosomsegment verlängert. VI. und VII. Mesosomsegment nicht verschmolzen. Antennen lang. I. Antenne mit Nebengeißel. II. Antenne rückwärts eingelenkt. Mundteile wie bei *Xenodice* (Tierreich p. 699), jedoch Innenlade der I. Maxille nackt und Innenrand der II. Maxille nur distal beborstet. Coxae klein. Gnathopoden subchelat. I. Gnathopod viel kleiner als der II. Carpus des II. Gnathopoden kurz. III. und IV. Pereiopod sehr klein. V.—VII. Pereiopod zu kräftigen Klammerextremitäten entwickelt. I. und II. Uropod schlank, Außenäste kürzer als Innenäste. III. Uropod auf eine elliptische Lamelle reduziert.

### Neoxenodice caprellinoides n. sp.

Fig. 3.

30. 3. 03, 65° 27′ S. 80° 33′ O. Twist 3397 m, 3 ♂ 8,5—9,5 mm.

Der Körper ist lang gestreckt. Das Integument ist kräftig und zeigt außer leichten Rückenwülsten auf den vorderen Mesosomsegmenten keine Erhebungen. Der Kopf ist vorn abgestumpft. Er ist etwa so lang wie das IV. Mesosomsegment. Augen fehlen. Die 4 ersten Mesosomsegmente sind wesentlich länger als hoch, ihr Längenunterschied ist jedoch nicht sehr bedeutend. Jedes der 3 letzten Mesosomsegmente ist nur etwa halb so lang wie eins der vorderen. Das VI. Mesosomsegment ist am kürzesten. Das I. und das II. Metasomsegment sind etwas kürzer, das III. ist etwas länger als eins der letzten Mesosomsegmente. Die Epimeren sind unregelmäßig abgerundet. Das I. Urussegment ist so lang wie das I. + II. Metasomsegment. Das Telson ist dreieckig abgerundet. Auf der Oberseite, rechts und links von der Spitze stehen einige Borsten. Das Telson schließt in gleicher Höhe mit dem III. Uropoden ab.

Die I. Antennen sind kaum länger als die II. und etwa $^2/_3$ so lang wie der Körper. Das II. Stielglied ist etwa $1\frac{1}{2}$ mal so lang wie das I., das III. noch etwas länger. Die 8 gliedrige Geißel ist etwas länger als das III. Stielglied. Stiel wie Geißel tragen auf der Unterseite lange Borsten. Die Geißelspitze trägt 2 Stacheln. Die Nebengeißel ist eingliedrig. Ihre Länge entspricht etwa der mittleren Dicke des I. Stielgliedes. Die Längenverhältnisse und die Beborstung des Stieles der II. Antennen gleichen denen der I. Das letzte Glied ist ebenso lang wie die 6 gliedrige Geißel. Das VI. Geißelglied ist sehr klein. Die Geißelglieder tragen unten eine Längsreihe kurzer Stacheln, längere Stacheln stehen an den Gliedenden. Die Länge dieser Stacheln nimmt nach der Geißelspitze zu ab. Das I. Geißelglied trägt auf der Unterseite noch ein paar Borsten, die Geißelspitze nur einige feine Borsten.

Die Mundteile gleichen *Xenodice frauenfeldti* (Sars Account Taf. 227 Fig. 2) bis auf folgende Punkte: Die Stachelreihe der Mandibel ist auf 3 Stacheln beschränkt. Das III. Palpusglied der Mandibel ist nur etwa $^1/_7$ kürzer als das II. Die Innenlade der I. Maxille ist kleiner und nackt, wie bei *Dulichia*. Der Innenrand an der Innenlade der II. Maxille trägt nur in der distalen Hälfte einige Borsten. Die Außenlade des Maxillarfußes reicht nur bis zur Mitte des II. Palpusgliedes.

Die 4 ersten Coxae sitzen als flache, abgerundet dreieckige, kleine Platten an den Seitenrändern der Mesosomsegmente. Sie nehmen besonders am III. und IV. Mesosomsegment, entsprechend der Kleinheit der Pereiopoden nur einen Bruchteil des Seitenrandes ein. Am V.—VII. Mesosomsegment sind sie größer und ihre Breite entspricht etwa der Länge des Segmentes. Die II. Coxa ist am größten. Die Gnathopoden entspringen am Vorderrande ihrer Mesosomsegmente. Am I. Gnathopoden (Fig. 3 a) verbreitert sich die Basis distad. Der Merus ist distal dreieckig zugespitzt. Der Carpus ist etwa so lang wie der Metacarpus, aber beträchtlich schmäler. Der Metacarpus ist dreieckig abgerundet. Er ist $^2/_3$ so breit wie lang. Die Palma ist etwas länger als der Hinterrand. Beide sind beborstet, aber durch keine scharfe Palmarecke getrennt. Der Innenrand des Dactylus ist weit und spitz gezähnt. Auch die Basis des II. Gnathopoden (Fig. 3 b) verbreitert sich distad beträchtlich. Ischium, Merus und Carpus sind kurz, die beiden letzteren gleich lang. Der Carpus ist nur mäßig verbreitert. Der große Metacarpus ist wesentlich länger als die vorhergehenden Glieder zusammen. Er ist doppelt so lang wie breit. Der Vorderrand ist konvex. Die Palma ist doppelt so lang wie der schwach gebogene Hinterrand. Sie ist konkav und vom Hinterrand durch

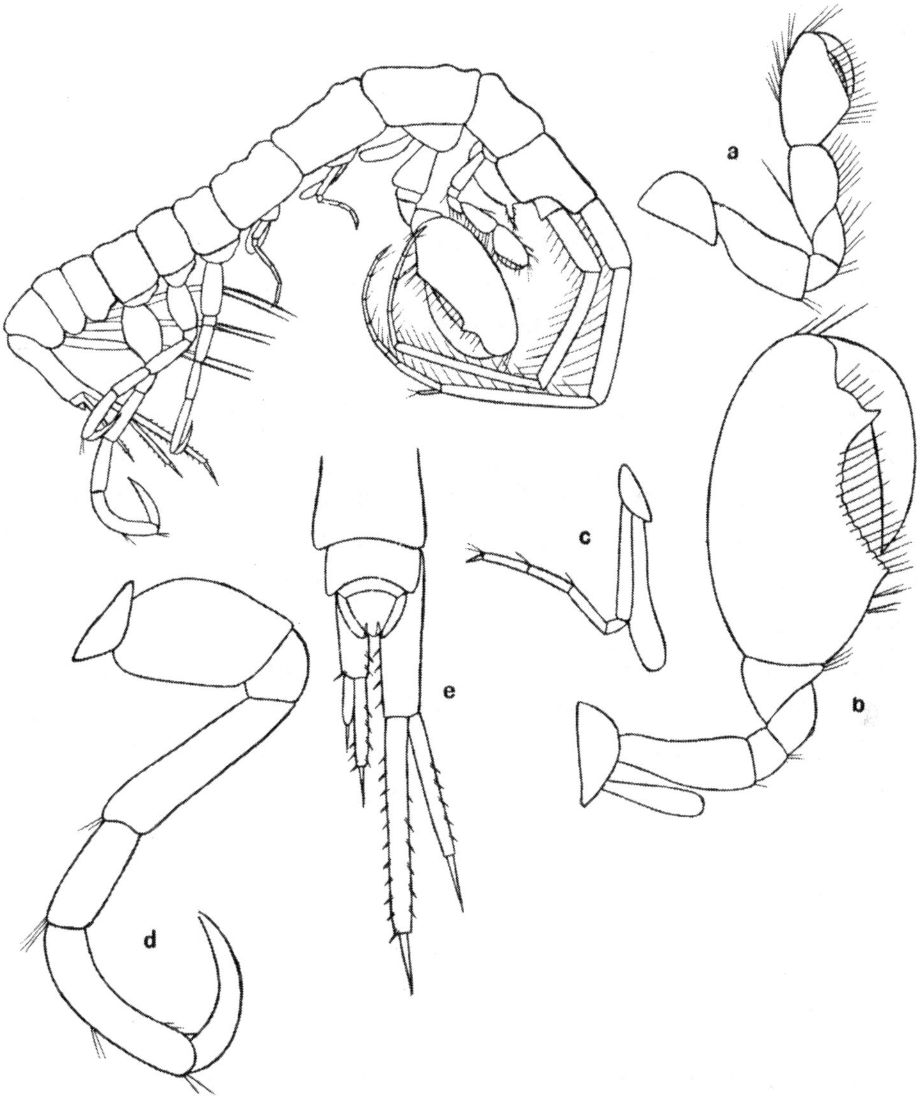


Fig. 3. *Neoxenodice caprellinoides.* *a* I. Gnathopod (22 ×).; *b* II. Gnathopod (22 ×); *c* III. Pereiopod (22 ×); *d* VII. Pereiopod (22 ×); *e* Urus (30 ×).

einen scharfen, stumpfen Winkel getrennt. Distal trägt sie einen zahnförmigen, dreieckigen Lappen. Der große Dactylus erreicht nicht das Ende der Palma. Die III. und IV. Pereiopoden entspringen in der Mitte der Mesosomsegmente. Sie sind sehr klein, etwa gleich lang und nur schwach beborstet. Die II.—VI. Glieder sind gerade und stabförmig. Die Basis des III. Pereiopoden (Fig. 3 c) ist etwa so lang wie das III.—V. Glied. Merus, Carpus und Metacarpus sind etwa gleich lang. Der kaum gebogene Dactylus ist dick und etwa so lang wie das Ischium. Am IV. Pereiopoden ist die Basis nur etwa so lang wie das Ischium + dem Merus. Die 3 letzten Pereiopoden stellen kräftige, fast nackte Klammerorgane dar, die einander sehr ähneln. Sie nehmen in all ihren Gliedern an Länge und Stärke nach rückwärts zu. Die Basis ist elliptisch mit abgestumpften Enden. Der Merus ist distal nur wenig ausgezogen und verdickt. Der kräftige Dactylus ist fast so lang wie der Metacarpus.

Die Pleopoden sind lang und schlank.

Der I. Uropod ist so lang wie das Körperende vom II. Metasomsegment bis zur Telsonspitze. Stiel und Äste sind bestachelt. Jeder Ast trägt einen langen Endstachel. Der Stiel ist etwas kürzer als der Innenast, letzterer $1\frac{1}{2}$ mal so lang wie der schwächere Außenast. Die II. Uropoden reichen nicht bis zur Mitte des Außenastes des I. Uropoden. Die Bewehrung ist ähnlich wie beim I. Uropoden, doch trägt der Außenast keine Randstacheln. Stiel und Innenast sind gleich lang. Der Außenast ist nur halb so lang wie der Innenast. Die III. Uropoden bestehen aus je einer elliptischen Lamelle, die etwa bis zur Spitze des Telson reicht.

Die Kiemen sind klein. Sie sind am II. und III. Mesosomsegment schlauchförmig, am IV. elliptisch. Die übrigen Segmente tragen keine Kiemen.

*Neoxenodice* steht zweifellos *Xenodice* sehr nahe, wie schon aus der großen Ähnlichkeit der Mundteile hervorgeht. Sie hat sich aber stärker als *Xenodice* in der Richtung der Caprelliden entwickelt. Dies zeigt sich in der Reduktion der Nebengeißel, der Coxae, des I. Gnathopoden, des Carpus am II. Gnathopoden, des III. und IV. Pereiopoden, der Kiemenzahl, sowie in der Verlängerung der Mesosomsegmente und der Umbildung der letzten Pereiopodenpaare zu Klammerorganen. In Bezug auf den Bau des I. Gnathopoden und die Zahl der Mesosomsegmente ist *Neoxenodice* Caprelliden-ähnlicher als irgend ein Angehöriger der Gattung *Dulichia*. Allerdings wird diese Ähnlichkeit durch die Form des Mandibelpalpus wieder etwas gestört. *Neoxenodice* weist den Weg, den die Caprelliden geschritten sind, um zu ihrer heutigen Ausbildung zu gelangen. Damit braucht aber nicht gesagt zu sein, daß *Neoxenodice* mit den Caprelliden in genetischer Verbindung steht. Es kann sich auch um eine reine Konvergenzerscheinung handeln. Nimmt man aber einen genetischen Zusammenhang an, so dürfte *Xenodice—Neoxenodice* zu *Aegina-Aeginella* geführt haben.

## Literatur.

1910. Kunkel, The Amphipoda of Bermuda. Trans. Connecticut Acad. Bd. 16 p. 3.

1903. Mayer, Die Caprellidae der Siboga-Expedition. Siboga-Exp. Bd. 34.

1888. Pfeffer, Die Krebse von Süd-Georgien nach der Ausbeute der Deutschen Station 1882—83. II. Teil. Die Amphipoden. Mitt. Naturh. Mus. Hamburg Bd. 5 p. 75.

1908. Pearse. Descriptions of four new Species of Amphipodous Crustacea from the Gulf of Mexico. Proc. U. S. Mus. Bd. 34 p. 27.

1888. Stebbing, Amphipoda. Rep. Challenger Zool. Bd. 29.

1910. „ Crustacea. V. Amphipoda. Austral. Mus. Sidney Mem. 4 Teil 12.

1914. „ Crustacea from the Falkland Islands collected by Mr. Rupert Vallentin F. L. S. Teil II. Proc. Zool. Soc. London p. 341.

# BATHYECHINISCUS TETRONYX N. G. N. SP.

## EIN NEUER MARINER TARDIGRADE

VON

G. STEINER
(WASHINGTON D. C.)

MIT 5 ABBILDUNGEN IM TEXT

1926

Beim Durchsuchen feinen, von der Deutschen Südpolar-Expedition gesammelten Grundschlammes auf Nematoden, fand sich auch eine augenscheinlich neue Tardigradenform. Der Fund ist aus mehreren Gründen bemerkenswert. Erstens sind überhaupt meines Wissens nur noch 7 marine Tardigradenarten bekannt, die sämtlich von der europäischen Küste stammen. Der vorliegende ist der erste Fund aus dem antarktischen und überhaupt aus einem außereuropäischen Meere. Zweitens ist es das erstemal, daß ein Tardigrade aus solcher Tiefe, d. h. nahe der bei 400 m gezogenen Grenze der Tiefsee beobachtet wurde; *Batillipes mirus* Richters war bisher die einzige Form, die in etwas größerer Tiefe gedredscht wurde, aber nur bei 20 m. Drittens ist unsere Art neu und augenscheinlich der Vertreter einer neuen Gattung, die zwischen *Halechiniscus* und *Batillipes* steht.

Der Schlamm, der augenscheinlich das „Lebensmilieu" unserer Form bildete, war äußerst reich an Nematoden, Krustern, Anneliden und Foraminiferen. Desmoscoleciden und auch andere bizarre Nematodenformen wie die sonderbare *Epsilonema* (= *Rhabdogaster*) und *Draconema* habe ich nirgends in solcher Arten- und Individuenfülle getroffen.

Welches die Ernährungsweise der neuen Art ist, kann nicht gesagt werden, da die innere Organisation nicht kenntlich genug war, um auch nur den Darmkanal zu erkennen, geschweige dessen Inhalt zu bestimmen. Vermutlich lebt unsere Form aber von animalischer Nahrung.

Die neue Art scheint mir eine neue Bestätigung zu sein für die durch Richters am gedankenvollsten begründete Ansicht von der näheren Verwandtschaft der Tardigraden mit den Anneliden. Eine mediale und je eine innere und äußere laterale Sinnesborste am Kopfende, ein gestielter Sinneskegel ebenda mit einer an seiner Basis eingefügten langen Sinnesborste, Sinnesborsten dorsad auf jedem Parapodium und ein ebenfalls gestielter Sinneskegel mit aufgesetzter Borste dorsad auf den letzten Parapodien sowie das Vorhandensein von stäbchenartigen „Zehen" mit gezähnelten Enden sind unzweifelhaft Eigenschaften, welche auf Beziehungen zu den Anneliden und nicht Arthropoden hinweisen.

Da die vorliegende Form Eigenschaften hat, die sie zwischen *Halechiniscus* und *Batillipes* stellen und anderseits an den Zehenenden nicht Krallen (*Halechiniscus*) und auch nicht Schaufelchen (*Batillipes*) sondern eine durchaus eigenartige Bildung, nämlich eine kurze gezähnte Leiste besitzt, wurde es als das Beste befunden, sie in eine neue Gattung „*Bathyechiniscus*" einzuordnen. Die Diagnose dieser neuen Gattung würde also wie folgt lauten:

**Bathyechiniscus n. g.**

Marine Tardigraden mit glatter Haut, mit 4 Zehen an den Parapodien, die in einer quergestellten gezähnelten Leiste enden, mit einer medialen und je

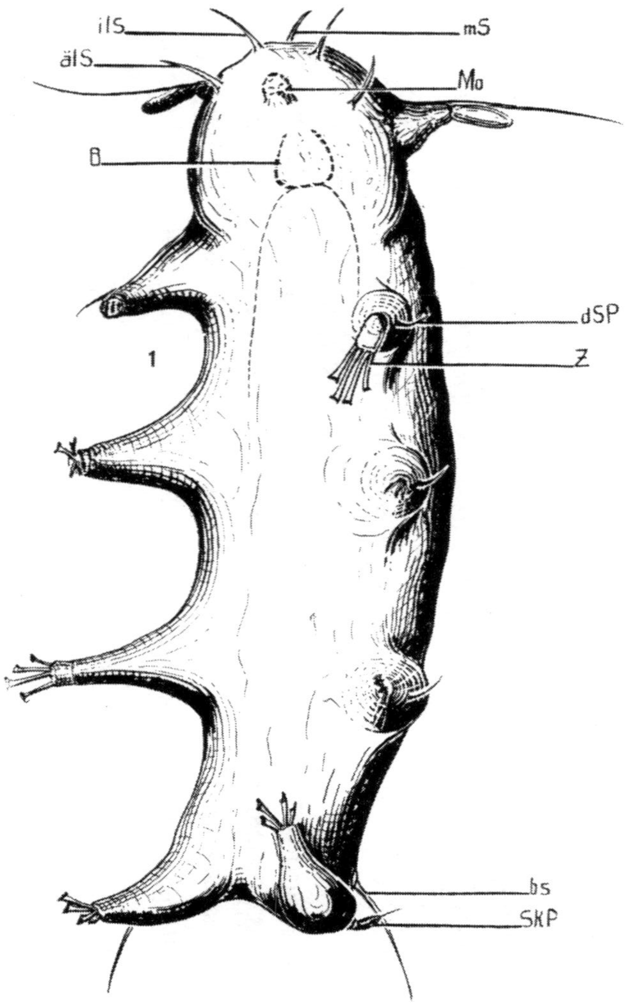


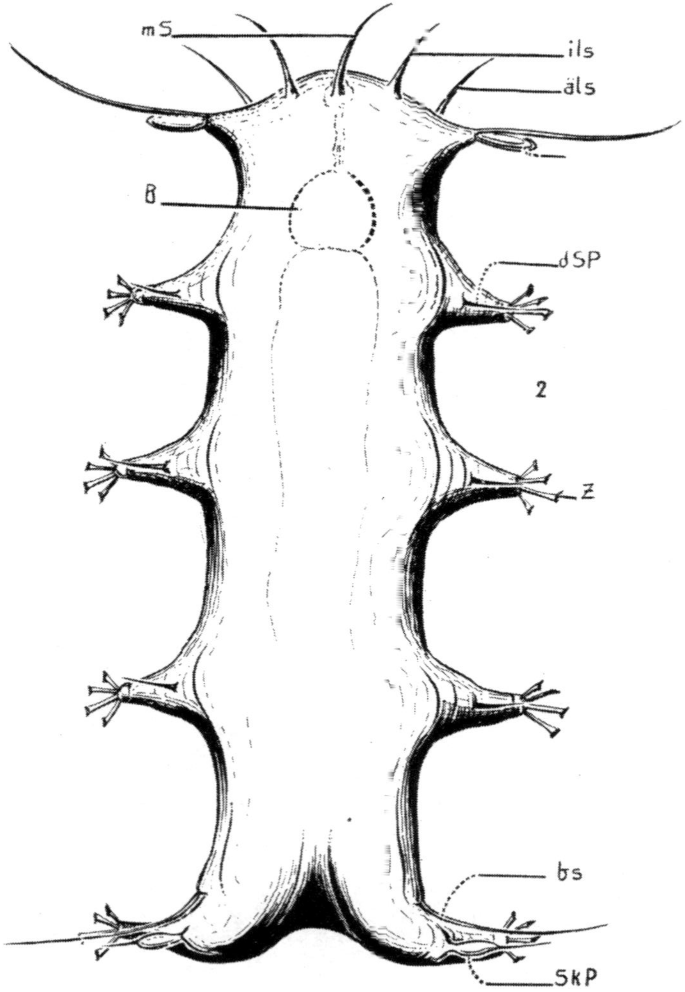

Fig. 1. Ansicht der Bauchseite (1040 ×). — Fig. 2. Ansicht der Rückenseite. *älS* äußere laterale Sinnesborste. *B* Bulbus. *bS* basale Borste am letzten Parapodium. *dSP* dorsale Sinnesborste am Parapodium. *ilS* innere laterale Sinnesborste. *Mo* Mundöffnung. *mS* mediale Sinnesborste. *SkP* Sinneskolben am letzten Parapodium. *Z* Zehe. — Fig. 3. Einzelne „Zehe" mit gezähnelter Endplatte. — Fig. 4. Querschnitt einer „Zehe". — Fig. 5. Ende eines Parapodiums mit den 4 Zehen.

zwei lateralen, einfachen Kopfsinnesborsten, mit je einem gestielten Sinneskegel und basal eingesetzter Sinnesborste weiter hinten am Kopfende, mit je einer einfachen Sinnesborste auf dem Rücken der 3 ersten Parapodienpaare, mit gestieltem Sinneskegel auf dem letzten Parapodienpaare, mit einfacher Sinnesborste vorn an der Ansatzstelle dieser letzten Parapodien; ohne mediale Sinnesborste oder Sinneskegel am Hinterende. Typische Art: *Bathyechiniscus tetronyx* n. sp.

Gemeinsam mit *Halechiniscus* hat die neue Gattung die Sinnesborsten auf dem Rücken der 3 ersten Parapodien, während die mediale Kopfsinnesborste, und der mit einer Sinnesborste verbundene Kopfsinneskegel sie *Batillipes* nähern. Der Sinneskegel auf dem letzten Parapodienpaar und die gezähnte Leiste als Ende der „Zehen" ist aber beiden verwandten Gattungen fremd.

### **Bathyechiniscus tetronyx** n. g. n. sp.

Fig. 1—5.

Fundangabe: Ein einziges Tier mit nicht erhaltener innerer Organisation in 385 m Tiefe, Gaußstation 6. XII. 1902.

Größenverhältnisse: 0,119 mm; größte Dicke 33—34 μ; Länge eines Parapodiums mit Zehen 29—30 μ; Länge einer Zehe 6—7 μ; Länge des Sinneskolben 8—9 μ; Länge der Borste basal am Sinneskolben 29—30 μ; Länge der äußeren lateralen Sinnesborste 12—13 μ.

Diagnose: *Bathyechiniscus* — mit den Eigenschaften der Gattung.

Bemerkungen. Die neue Art besitzt nicht die geringste Andeutung einer Hautpanzerung noch einer Hautverzierung, was ja augenscheinlich mehr oder weniger für alle bisher bekannt gewordenen Meerestardigraden zutrifft. Das Kopfende besitzt keine neuen Organe, sondern eigentlich nur eine neuartige Zusammenstellung von Sinnesborsten und Sinneskolben, wie sie bisher noch nicht bekannt war. Am auffälligsten ist der große Sinneskolben mit der langen Borste, die an seiner Ansatzstelle entspringt. Es ist möglich, daß die Parapodien wenigstens bis zu einem gewissen Grade teleskopartig einziehbar sind; an einigen ließ sich eine Falte und ein kurzer, abgesetzter Endabschnitt erkennen. Man kann sich auch fragen, ob die Sinnesborste der 3 ersten Parapodien dem Sinneskegel auf den letzten entspricht, oder der basalen Borste am Vorderrand derselben. Das erstere ist wohl das Wahrscheinlichere; denn daß dieser Sinneskegel distal in eine Borste ausläuft, scheint mir ein gewichtiger Grund für diese Auffassung zu sein.

Die „Zehen" sind im Querschnitt oval (Fig. 4); soviel ich bei stärkster Vergrößerung feststellen konnte, sind an der Endplatte 4 Zähnchen vorhanden, die quer stehen (Fig. 3 u. 5).

Von der inneren Organisation waren die Umrisse eines ziemlich kräftigen Bulbus schwach zu erkennen aber nicht die Stäbchen desselben.

## Schriftennachweis.

Richters, Ferd., Tardigraden-Studien, in: 40. Bericht der Senckenbergischen Naturforschenden Ges. Frankfurt a. M. II. Teil. Wissenschaftl. Mitteilungen. S. 28—44, Taf. I—II, 1909.

Kolibri 360 GmbH
Ferdinand-Jühlke-Straße 7
99095 Erfurt, Deutschland
produktsicherheit@kolibri360.de